インプレスR&D [NextPublishing] 技術の泉 SERIES
E-Book / Print Book

Scalaをはじめよう！
―マルチパラダイム言語への招待―

伊藤 竜一 | 著

複雑な処理も簡潔に！
オブジェクト指向と関数型
両方の特徴を兼ね備えた言語
Scalaの世界へようこそ！

目次

第1章　Scalaの世界へようこそ ……………………………………………… 4
1.1　この本について ………………………………………………………………… 4
1.2　Scalaとは? …………………………………………………………………… 4
【コラム】参考になるウェブサイト・本 ………………………………………… 5

第2章　Scalaの環境を作る ……………………………………………………… 7
2.1　sbtをインストールする ………………………………………………………… 7
2.2　sbtでテンプレートからプロジェクトを作る ………………………………… 8
2.3　sbtでプログラムを実行する …………………………………………………… 10
2.4　sbtでScala REPLを使う ……………………………………………………… 10
【コラム】Scastie …………………………………………………………………… 11
【コラム】サンプルコード ………………………………………………………… 14

第3章　Hello Worldを嚙み砕こう
エントリポイント・メソッド・式と文・ブロック式 ………………………………… 17
3.1　Hello World ― エントリポイント …………………………………………… 17
3.2　Hello Worldの構成要素 ― メソッド・式と文・ブロック式 ………………… 18
【コラム】「???」を利用する ……………………………………………………… 21

第4章　FizzBuzzしてみよう
for式・if式といった基本的な制御構文 ……………………………………………… 23
4.1　FizzBuzzに必要な道具を揃える① ―for式 ………………………………… 23
4.2　FizzBuzzに必要な道具を揃える② ―if式 …………………………………… 26
4.3　FizzBuzzの趣向を変えてみる① ―match式 ………………………………… 27
4.4　FizzBuzzの趣向を変えてみる② ―再帰 ……………………………………… 29

第5章　オブジェクト指向で多角形を扱おう
クラスやトレイトといったオブジェクト指向に関わる構文 ………………………… 32
5.1　多角形を表現してみる―クラス ……………………………………………… 32
5.2　便利機能を追加してみる―オブジェクト …………………………………… 34
【コラム】ケースクラス …………………………………………………………… 37
5.3　多角形に色と透明度を付けてみる―トレイト ……………………………… 40

【コラム】タプル ··· 43

第6章　FizzBuzzを作ってみよう
パラメータ多相・コレクション・関数 ·· 46
  6.1　コレクションを扱う前に…―パラメータ多相 ································· 46
  6.2　FizzBuzzを作る―Range・List・関数 ·· 48
  【コラム】主なコレクション ·· 49
  【コラム】主なコレクション操作メソッド ·· 55

第7章　安全第一
エラーハンドリング・Option・Either ··· 59
  7.1　その引数は安全ですか？①　―Option ·· 59
  7.2　その引数は安全ですか？②　―Either ·· 63

第8章　らくらく非同期処理
Future ·· 69
  【コラム】ファンクタ・モナド・モノイド ·· 72

第9章　またFizzBuzzしてみよう
IO・JSON・implicit・テスト ·· 75
  9.1　JSONファイルでFizzBuzz ―IO・JSON ······································ 75
  9.2　縁の下の力持ち―implicit ··· 78
  【コラム】implicit class ··· 79
  9.3　チェックチェック！―テスト ··· 80
  【コラム】よく利用されるその他のライブラリ ··································· 82

あとがき ·· 84

  著者紹介 ·· 85

第1章　Scalaの世界へようこそ

1.1　この本について

　この本は，あまり難しいことを考えずに一通りScalaを触れるようになることを目的としています．簡単なサンプルコードをベースにゆる～く，でも出来る限りScalaの本質を損なわないように構文や機能を紹介していきます．流れに沿って必要十分なスピードで進んでいくため，辞書的に利用するのではなく順を追って読むことをおすすめします（サンプルコード内のコメントにも重要な情報があります）．Scalaやその他の小難しい関数型プログラミング等々の事前知識は一切必要ありませんが，Javaまたは相当するオブジェクト指向プログラミング言語をある程度理解していることを前提とします．

1.2　Scalaとは?

> Scala（スカラ）はオブジェクト指向言語と関数型言語の特徴を統合したマルチパラダイムのプログラミング言語である．名前の「Scala」は英語の「scalable language」に由来するものである．

　Wikipediaではこのように紹介されています．2.12系がメインストリームで，最新のリリースは2.12.4となっています（2018年2月現在）．本書では2.12系を前提に進めます．本題に入る前にScalaの"推しポイント"をいくつか紹介します．

- Scalaはオブジェクト指向と関数型の特徴を併せ持つプログラミング言語です．関数型は難しそうだと敬遠してしまう方も多いと思いますが，Scalaでは**関数型の知識をほとんど必要とせずに恩恵だけを得ることができる**のです．ベースはオブジェクト指向ですので，Javaの延長としてプログラミングしながら関数型由来の便利ツールで楽をすることができます．
- 構文・標準ライブラリが共に洗練されており，簡潔なコードを記述できます．強い静的な型付けにより多くの**バグをコンパイル時に発見しやすい**というメリットと，型推論や糖衣構文といった補助機能により，RubyやPythonといった**スクリプト言語のようにスッキリとしたコーディングが可能**というメリットを併せ持ちます．他の言語ではもどかしかったことがScalaでならサクッとできちゃいます．
- JVM上で動作するため，**様々なプラットフォームで同じバイナリを利用できます**．また，Javaのライブラリ資産もオーバーヘッドなくシームレスに利用できます．逆にJavaからScalaのコードを呼び出すことも可能なため，プロジェクトの一部にだけScalaを利用する

といったこともできます．
- **必要なツールはsbt（とJDK）だけ**です．「コンパイラは？言語仮想環境構築ツールは？ビルドツールは？」とあれこれ迷う必要はありません．sbtひとつでビルドやライブラリの管理はもちろん，REPLと呼ばれる対話的な実行環境やプロジェクトで利用するScalaのバージョン管理まで可能です．ちなみに最近ではScalaをネイティブ環境（LLVM）やJavaScript環境（as an AltJS）向けにコンパイルして利用できる環境も整いつつあります．

Scalaの良いところばかりを挙げましたが，一方でScalaについてよく誤解されることがあるので，こちらも触れておきたいと思います．既にScalaを調べたことがある方であれば「Scalaのコンパイルは遅い」という噂を耳にしたことがあるのではないでしょうか．これは一部正解ですが，誤解によるものが多く含まれます．コンパイル時に必要な処理が多く結果として比較的遅いことは事実ですが，それ以上にビルドツールの誤った利用法によりコンパイル速度が低下している場合が多いです．正しく利用していればそれほどもたつくことはないでしょう．

また，コンパイル速度自体も日々改善が進んでいます．ビルドについて詳しくは2章で取り上げます．もう1つ，「Scalaのコードは難しい」と先入観を持たれることがあります．実際には基本的な構文（特に一部の糖衣構文）さえ知ってしまえば不自由することはないはずで，その量も少なく抑えられています．コーディングの指針としては，「基本はオブジェクト指向であること」「出来る限り値を不変にすること」の2つだけ意識していけばとりあえず十分でしょう．これらについても本書の中で追い追い紹介していきます．

さて，Scalaを始める前にこのような謳い文句をいくら並べても実感が湧かないと思いますので早速本編に入っていきましょう．

【コラム】参考になるウェブサイト・本

■おすすめ

Scala Standard Library API

http://www.scala-lang.org/api/current/index.html

Scala標準ライブラリの公式ドキュメント．**Google先生が苦手な記号でも検索可能．**

Scala Tutorials

http://docs.scala-lang.org/tutorials/

Scala公式のチュートリアル．項目ごとに列挙されている．かなりニッチで応用的な項目も紛れているので注意．

ひしだま's 技術メモ Scala

http://www.ne.jp/asahi/hishidama/home/tech/scala/index.html

網羅的にまとめられている．

Scala Text（株式会社ドワンゴによる研修用資料）

https://dwango.github.io/scala_text/

言語学的な部分から実務向けの情報まで幅広くまとめられている．

sbt Reference Manual

http://www.scala-sbt.org/1.x/docs/ja/index.html

Scala向けビルドツールのデファクトスタンダードであるsbtの公式ドキュメント．

■条件付きでおすすめ

Scalaスケーラブルプログラミング第3版（インプレス）

https://www.amazon.co.jp/dp/4844381490

Scalaの作者であるOdersky氏による本．通称コップ本．入門向けとしておすすめされている場合が多いが，「Scalaはどのような方針で設計されているのか」といったことまで興味がある人に向いているだろう．

Scalaによるプログラミングの基礎（株式会社はてなによる研修用資料）

https://github.com/hatena/Hatena-Textbook/blob/master/foundation-of-programming-scala.md

株式会社ドワンゴによる研修資料より実務寄りの内容．スライド前提の内容で細かいところを置いて進んでしまうので1から読んで追いかけるのは少々大変か．

Scala逆引きレシピ（翔泳社）

https://www.amazon.co.jp/dp/4798125415

内容は実務寄りで辞書的に便利．しかし古い内容が含まれるので注意が必要．

Scala関数型デザイン&プログラミング（インプレス）

（原著: Functional Programming in Scala（Manning Publications））

http://www.amazon.co.jp/dp/4844337769

Scalaについての本ではなく，**純粋関数型をScalaでどう実現するか**ということに主眼をおいている本．Scala初心者向けの内容ではない．類似する関数型についての書籍であるすごいHaskellたのしく学ぼう！（オーム社）より難易度はやや高め．

■その他のリソース

Gitter - ScalaJP

https://gitter.im/scalajp/public

日本Scalaユーザーズグループが運用しているチャット．500名程が参加している．初心者向けのチャットルームと関数型・上級者向けチャットルームは別々に用意されている．

Slack - scala-jp

https://scala-jp-slackin.herokuapp.com/

日本のScalaユーザが有志で運用しているチャット．できてから日が浅く100名未満の規模感．人数が少ないからこそ入りやすいか．

第2章 Scalaの環境を作る

この章ではsbtというScala向けのビルドツール（JavaのGradleやMaven、Pythonのpipやvenvのようなものです）のみを利用します[1][2]．sbtは単なるビルドだけでなく言語仮想環境や外部ライブラリの管理などもでき，作業がこれ一つで完結します．なお，Scalaのプログラムもsbtも JVM上で動作するため実行環境としてJDK8+を利用しますが，scalaコマンドのインストールすら不要です．……ですが，それすら面倒な場合はオンライン実行環境であるScastie（https://scastie.scala-lang.org）を利用することで，ローカルの環境構築を全てスキップしてScalaを試すことができます．Scastieについてはこの章の最後に紹介します．

2.1 sbtをインストールする

利用するOSに応じてインストールを行ってください．sbtのバージョンは，2018年2月現在1系がメインストリームとなっています[3]．出来る限り最新のバージョン（2018年2月現在では1.1.0）を利用しましょう．

2.1.1 Windowsの場合

公式に頒布されているインストーラを利用する方法が一番かんたんでしょう．リリースページ（https://github.com/sbt/sbt/releases/latest）のDownloadsからsbt-${バージョン}.msiをダウンロードして実行してください．

別の選択肢としては，Windows向けのパッケージマネージャであるChocolatey（https://chocolatey.org/）経由でインストールする方法もあります．Chocolateyが導入済みであれば，PowerShell上で，

```
choco install sbt
```

と実行することでインストールできます．

2.1.2 MacOSの場合

MacOS用パッケージマネージャであるHomebrew（https://brew.sh/index_ja.html）を利用

---

1. 古い情報の中には，lightbend activator（=旧 typesafe activator）を利用する方法が紹介されている場合がありますが，これは既に更新が停止されているので利用しないようにしましょう．lightbend activator で提供されていた機能は，別のツールで補完できるようになっています．
2. 本書では説明を簡単にするために導入していませんが，Scalaで本格的な開発を行う場合はsbtに加えてJetBrain社のIntellij IDEAという統合開発環境を組み合わせて利用することをおすすめします．これはデバッガやLinterといった補助的な機能をデフォルトで利用できます．sbtによるプロジェクトを後からインポートすることも可能です．
3. 2017年8月までは0.13系がメインストリームでした．そのためsbtプラグインの一部は1系に対応していないものもありますが，基本的には1系を利用しましょう．

します．Homebrewをインストールした後，ターミナル上で，

```
brew install sbt
```

と実行することでインストールできます．

2.1.3 Linuxの場合

多くのディストリビューションのパッケージマネージャで提供されていますが，基本的にリポジトリを追加する必要があります．詳しくは公式マニュアル（http://www.scala-sbt.org/1.x/docs/ja/Installing-sbt-on-Linux.html）からそれぞれの環境にあったものを選択して実行してください．どれも数コマンドをコピペするだけでインストールが可能です．

2.2 sbtでテンプレートからプロジェクトを作る

ここからは各OS共通の処理になります．ターミナル上で

```
sbt new amaya382/simplest.g8
```

と実行するだけです[4]．ここで指定しているamaya382/simplest.g8というのはプロジェクトのテンプレートです．テンプレートリスト（https://github.com/foundweekends/giter8/wiki/giter8-templates）で挙げられているように，様々なタイプのアプリケーション向けにテンプレートが用意されています．今回利用するテンプレートは単にHello Worldと出力するだけの非常に簡易なプログラムのテンプレートです．

実行するとプロジェクト名（=プロジェクトルートディレクトリ名）等を聞かれるので適当に決めましょう．空欄のままエンターで進むとデフォルト値が利用されます．今回はプロジェクト名をscala-tour-example，パッケージ名はデフォルトのexample，クラス名をScalaTourとして進めていきます．

```
$ sbt new amaya382/simplest.g8

The simplest Scala project for beginners

name [simplest]: scala-tour-example
package [example]:
classname [Simplest]: ScalaTour
```

---

[4] もしsbtコマンドがうまく動作しなかった場合は，(1) JDK がインストールされているか（1.8+ が必要）(2) sbtのパスが通っているか (3) ネットワークが通じているか，をまずはじめに確認してください．

```
Template applied in ./scala-tour-example
```

　テンプレートから作成されたプロジェクトの雛形も確認しておきましょう．これは今回のテンプレートに限らず，全てのsbtベースプロジェクトの基本になります．ディレクトリ構成は以下のようになっているはずです（target/のみ最初は存在せず，後から生成されます）．

```
scala-tour-example/
├ build.sbt
├ project/
│  └ build.properties
├ src/
│  ├ main/
│  │  └ scala/
│  │     └ exapmle/
│  │        └ ScalaTour.scala
│  └ test/
│     └ scala/
│        └ example/
└ target/
```

　上から見ていきましょう．まずプロジェクトルートにある build.sbt はプロジェクトの設定を管理します．この設定ファイルはScalaのDSLとして書くことができ，主に

- プロジェクトのメタ情報（プロジェクト名，プロジェクトバージョン，etc.）
- 利用するScalaのバージョン
- 利用するライブラリ

を設定します．詳しい設定内容は追い追い紹介していきます．
　project/build.properties は主にビルドに利用するsbtのバージョンを設定します．src/にはMavenと同じディレクトリ構造が用いられています．src/main/以下にプログラム本体のソースファイルを，src/test/以下にテスト用のソースファイルを置きます．src/main/・src/test/どちらも言語別のディレクトリ，今回はScalaなのでscalaを作り，更にその下にexampleのようにパッケージ名のディレクトリを切ることになります．
　ちなみにエントリポイントとなるソースファイルは基本的にsrc/main/scala/以下にあればどこに属していてもよく，コンパイラが自動的に適切なメインメソッドを探索してくれます（もし複数見つかった場合時ンパイル時にどうするか聞かれることになります）．最後のtarget/はコンパイル時に自動的に生成され，コンパイル結果の保存先になります．つまりtarget/以

下はGit等で管理する必要はないということです．

2.3 sbtでプログラムを実行する

作ったプロジェクトディレクトリに移動して実行してみましょう．

```
cd scala-tour-example
sbt # sbt-shell が起動する
```

sbt-shellが起動するので，加えて以下を実行してください．

```
run
```

初回はビルドのための様々なダウンロードが行われるため少々時間がかかるはずです[5]．2回目以降はキャッシュが効くので，それほど待たされることはないでしょう．とりあえずHello Worldと出力されれば成功です．

sbt-shellを使う

sbtはsbtコマンドでsbt-shellを常に立ち上げておき，そこから各コマンドを利用しましょう．Shell上からsbt runのように直接サブコマンドとして利用することも可能ですが，毎回JVMの起動が行われるため動作が遅くなります．

2.4 sbtでScala REPLを使う

REPLとは**Read-eval-print loop**の略でコードを対話的に逐次実行できる環境です．Scalaはコンパイラ言語ですがREPL上ではスクリプトのように実行できます．REPLをsbtプロジェクト内で実行することで，build.sbtで指定したScalaのバージョンや外部ライブラリといった設定も利用できます．

sbt-shell上で

```
console
```

と実行することでデフォルトのScala REPLが開きます．REPL上ではTabキーで補完機能を利用することができます．

---

[5] ネットワーク性能によっては10分以上かかり，途中で止まって見える場合もあります．気長に待ちましょう．

```
scala> val message = "Hello World"
message: String = Hello World

scala> println(message)
Hello World

scala> 1 + 1
res1: Int = 2

scala> println(res1)
2
```

　明示的に変数に代入しなかった場合は，上記サンプル res1 のように自動的に変数が作成され，参照可能になります．

　:paste コマンドを実行することで，複数行に渡るコードを入力して Ctrl-D で一括実行することもできます．一括実行であるため，相互参照を含むコードも扱うことができます．

```
scala> :paste
// Entering paste mode (ctrl-D to finish)

val message = "Hello World"
println(message)

// Exiting paste mode, now interpreting.

Hello World
message: String = Hello World
```

　:quit コマンドで REPL を，Ctrl+C で sbt ごと終了できます．

【コラム】Scastie

■Scastie とは

　Scastie は，Scala 公式のオンライン実行環境です．本格的な開発はできませんが，Scala をかなりリッチな環境で試すことができます．

■Scastie の使い方

1. https://scastie.scala-lang.org を開く！
2. 表示されるエディタにコードを書く！
3. Run ボタンを押す！

以上です[6].

図 2.1: Scastie エディタ

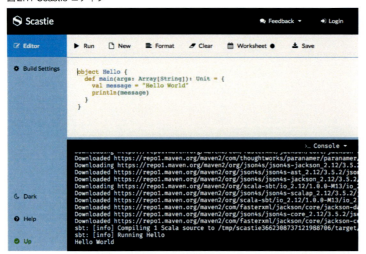

Formatボタンを押すと，いい感じにコードの整形もしてくれます．Build Settings タブから外部ライブラリへの依存を追加することもできます．ライブラリは名前で検索して選択するだけで追加されます．最新バージョンがデフォルトで選択されるので，そのままで良いでしょう．ライブラリ以外にも設定項目がありますが，特別に違うバージョンのコンパイラを試したいと行ったことがなければ，デフォルトで良いでしょう．

図 2.2: ライブラリを検索

---

6. たまに「サイトには繋がるが Run ができない」ということがあります．左下のステータスが「Down」になっている場合は Scastie のバックエンドエンジンがメンテナンス等で止まっている状態なので，気長に待つかローカルの sbt を使いましょう．

図2.3: ライブラリを選択すると追加される

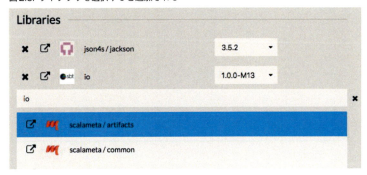

　注意点として，Worksheetモードというものがあります．ツールバーのWorksheetアイコンの丸が黒になっていればオフ，黄緑色になっていればオンを意味します（デフォルトではオンになっているはずです）．オフになっていると通常のプログラムとして実行されるため，メインメソッドのようなエントリポイントが必要になります．一方オンになっているとエントリポイントは不要になります．

図2.4: Worksheet オン

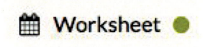

図2.5: Worksheet オフ

　また，GitHubアカウントでログインした状態でSaveボタンを押すとソースコードを個別のURLに紐付けて保存でき，更にSaveボタンをおした後に表示されるDownloadボタンを押すと，sbtのプロジェクトとしてソースコード一式をダウンロードすることもできます．

図 2.6: ソースコードの保存

【コラム】サンプルコード

本書のサンプルコードは以下の区分で実行できます．サンプルコードセットはGitHub（https://github.com/amaya382/scalatour-resources）でも公開しています．

■サンプルコードの実行
◆行番号のあるサンプルコード

REPL/ScastieWorksheetオンで実行できます．REPLを利用する場合は:pasteコマンドを利用してください．Scastieの場合はWorkSheetオンの状態でRunボタンを押すことで実行するものとします．一部，直前のサンプルコードと組み合わせる必要がある場合があります．

リスト例（REPL/ScastieWorksheet オンで実行できるコード）

```
1: val message = "Hello World"
2: println(message)
```

一部のサンプルコードは**sbtプロジェクト/ScastieWorksheetオフ**で実行できます．

sbtプロジェクトの場合は2.2節で作成したプロジェクトのsrc/main/scala/example/ScalaTour.scalaを書き換え，sbt-shell上のrunで実行するものとします．Scastieの場合はWorksheetオフの状態でRunボタンを押すことで実行するものとします．

リスト例（sbt プロジェクト/ScastieWorksheet オフで実行できるコード）

```
1: package example
2:
3: object ScalaTour {
4:   def main(args: Array[String]): Unit = {
5:     val message = "Hello World"
6:     println(message)
7:   }
8: }
```

◆行番号のないサンプルコード

　一般的な形を示すためのScalaの擬似コードか他の言語のコードであり，実行を目的としていません．

リスト例（Scalaの擬似コード）

```
def メソッド名(引数名: 引数の型, ...): 返り値の型 = 式
```

リスト例（Javaのコード）

```
final String message = "Hello World";
```

■サンプルコード中のコメント

　サンプルコード中のコメントは以下の規則に従っています．

==	糖衣構文による等価なコード
>>	期待される結果の値
>> :	期待される結果の型
/*	出力＋期待される改行を含む出力＊/

　判りやすさのため文字列の場合はクォーテーション（"）で括っています．

リスト例（サンプルコード中のコメント）

```
val message = "Hello" + " " + "World"
// == "Hello".+(" ").+("World")
// >> "Hello World"
// >> :String

println(message)
/* 出力
```

第2章　Scalaの環境を作る　15

```
"Hello World"
*/
```

第3章　Hello Worldを嚙み砕こう

エントリポイント・メソッド・式と文・ブロック式

3.1 Hello World — エントリポイント

まず先ほどsbtによって生成されたsrc/main/scala/example/ScalaTour.scalaを見ていきましょう．Scastieであれば表示されるエディタを以下に置き換え実行してください．

リスト3.1: Hello World！（※sbtプロジェクト/ScastieWorksheetオフで実行）

```
 1: // これは一行コメントです
 2: /* これは複数行コメントです
 3: JavaやCと同じですね */
 4:
 5: // 名前空間の宣言です．多くの場合ディレクトリ階層と合わせます
 6: package example
 7:
 8: object ScalaTour {
 9:   def main(args: Array[String]): Unit = {
10:     val message = "Hello World"
11:     println(message) // 末尾改行付き標準出力
12:     /* 出力
13:     Hello World
14:     */
15:   }
16: }
```

Hello Worldと出力されたら成功です．このmainというメソッドが自動的にエントリポイントとして選択され，プログラムが実行されました．

|||||||||||||||||||||||||||||||||||||||||||||||||||||||||||||||||||||||||||||||||||||||||||||||||||||||||
今回はmainメソッドをエントリポイントとして利用していますが，Appトレイトというものでエントリポイントを実現することもできます．以下のようにすることでリスト3.1と等価なプログラムになります．

リスト3.2: Appトレイトを利用したエントリポイント
```
1: package example
2:
3: object ScalaTour extends App {
```

```
 4:    val message = "Hello World"
 5:    println(message)
 6:    /* 出力
 7:    "Hello World"
 8:    */
 9: }
```

本書ではより基本的であるmainメソッドを利用したサンプルで統一します．

3.2 Hello Worldの構成要素 ― メソッド・式と文・ブロック式

まず一旦外側のobjectは後回しにして（5.2節で紹介します），mainメソッドの内側から見ていきましょう．

リスト3.3: 再代入不可能な変数の宣言

```
1: val message = "Hello World"
2: // message = "Changed World" // 再代入不可
```

valというキーワードから始まっているこの文は**再代入ができない不変な変数**の宣言です．文末にセミコロン（;）は必要ありません．Javaの

リスト3.4: Javaでの再代入不可能な変数の宣言

```
final String message = "Hello World";
```

に相当します．Javaの場合は文字列であること示すStringを明示しなければなりませんが，Scalaは型推論の機能があるためこれを省略できます．なお，型が定まらない場合や明示的に書きたい場合は，以下のように型注釈をつけることもできます．

リスト3.5: 型注釈を明示した変数の宣言

```
1: val message: String = "Hello World"
```

また，以下のようにvalではなくvarというキーワードを使うことで**再代入ができる可変な変数**の宣言ができます．

リスト3.6: 再代入可能な変数の宣言

```
1: var mutableMessage = "Hello World"
```

```
2: mutableMessage = "Changed World" // 再代入可能
```

もちろん，どちらも自由に利用できますが，基本的にはvalを利用すると良いでしょう．「ループするときのカウンタはどうするんだ？」といった疑問が湧くかもしれませんが，カウンタを利用せずループを実現するといった可変な値を利用しないで良い機能をScalaは提供しています．そのような機能や理由は追い追い紹介していきます．

次にエントリポイントであるメインメソッドを参考に，Scalaにおけるメソッドを見ていきましょう．

リスト3.7: メソッド宣言の概形

```
def メソッド名(引数名：引数の型, ...)：返り値の型 = 式
```

メソッドは以上の形で宣言できます．表記の順番などが多少異なりますが，他のプログラミング言語と大差がないことが解ると思います．ただし，ここで**式**の部分に注意してください．メインメソッドの例ならば，

リスト3.8: ブロック式

```
1: {
2:   println("Hello World")
3: }
```

に当たる部分です（{}が含まれていることに注意してください）．繰り返しになりますがこれは**式**です．特に{}による式をブロック式と呼びます．ここで言う**式**というのは，文との対比で，**文**は「評価のみを行って結果を返さない」一方，**式**は「なんらかの計算が行われて結果の値を返すもの」を指します．例えば，先ほど扱った変数の宣言である val message = "Hello World" は message という変数を作成するものの，結果を返すわけではないので**文**です．ブロック式がどのように式になっているのかというと，**{}内の文や式が順番に評価され，{}内最後の式の結果がブロック式の結果として扱われます**（他の言語に多いreturnキーワードは不要です）．

つまり今回の例では，println("Hello World!")が評価され，その結果であるUnit型の()がブロック式の返り値となります（printlnというメソッドは標準出力に出力するだけですが，返り値がないことを意味する()を返します．Unit型というのはJavaやCで言うvoidのようなものと考えておけばとりあえず大丈夫です）．別の例として以下のようなコードを考えてみましょう．

リスト3.9: ブロック式と返り値

```
1: val result = {
```

```
2:    val x = 1 + 2
3:    x * 2
4: } // 'result' に 6 が代入される
```

この場合，まずval x = 1 + 2が評価され，次にx * 2が評価された結果（6）がブロック式全体の結果となって最終的にresultに代入されます．これらは更にブレークダウンしてみると以下のように見ることができます．

図3.1: 式と文のネスト

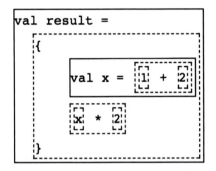

点線で囲った部分が式を，実線で囲った部分が文を表します．式や文がネストして成り立っていることが分かると思います．さてここでメソッドの定義に戻ります．

リスト3.10:（再掲）メソッド宣言の概形

```
def メソッド名(引数名: 引数の型, ...): 返り値の型 = 式
```

見直してみると，メソッドの本体は**式**であればなにが来ても良い，非常に自由度が高い形であることが分かります．例えば，メインメソッドの例とは違うブロック式ではない式を入れてみましょう．

リスト3.11: ブロック式ではない式によるメソッド①

```
1: def add(x: Int, y: Int): Int = x + y
```

このメソッドは引数xと引数yを加算した結果を返します．あたかも{}の省略した記法に見えますね．

リスト3.12: ブロック式ではない式によるメソッド②

```
1: // 値をそのまま返すだけのメソッド
```

```
2: def identity(x: Int): Int = x
```

といった書き方もできます．他の言語のように「括弧が必ず必要で，その中でいろいろな処理をしてreturnで返り値を指定する……」というわけではなく，とにかく式であればなんでもいいのです！

メソッド宣言の際に引数が0個の時は()ごと省略することもでき，省略して宣言されたメソッドの呼び出しには()が不要（むしろ付けるとコンパイルエラー）になります．なお，宣言時に省略していないときでも呼び出し時だけ省略することもできます．慣習的に，状態を変化させるメソッドの場合は()を付け，変化させない場合は()を省略することが多いです．本書ではわかりやすさのため，省略せずに表記しています．

【コラム】「???」を利用する

　まだコードが途中で不完全，でもちょっと動かして試してみたい……ということは多々あるかと思います．Scalaはコンパイラ言語なので，基本的にはきっちりしたコードを書くまで動かせません．ですが，やっぱり動かしたいですよね？特にインタープリタ言語から来た方にはむず痒いところでしょう．

　そこでScalaではデフォルトで???というものが利用できます．実態はNotImplementedError，つまり未実装を意味する例外なので実行フローに入れることはできませんが，本質的でない部分にとりあえず???を入れておくと実装（メソッドの本体，メソッドの返り値，etc.）を後回しにできます．

　例えば以下のようにすると，「barメソッドに奇数が渡されて呼び出される」・「bazメソッドが呼び出される」ことがないという前提で実装を省略したままコンパイル・実行できます．言い換えると「Fooクラスのbarメソッドに偶数が渡されて呼び出される」というシチュエーションのみ適切に実行できるということです．

リスト3.13: 未実装箇所のある実装例

```
1: class Foo {
2:   def bar(x: Int): Int = {
3:     if (x % 2 == 0) x * 2 // 偶数であれば2倍して返す
4:     else ??? // 奇数は未実装
5:   }
6:
```

```
7:    def baz(s: String): String = ??? // 未実装
8: }
```

第4章　FizzBuzzしてみよう

for式・if式といった基本的な制御構文

　ここで扱うのは，みんな大好き"FizzBuzz"です．そう，「1からnまでの値を取り，3の倍数のときは**Fizz**を，5の倍数のときは**Buzz**を，それ以外のときは数値をそのまま出力する」というよくある問題です．書き方は色々有りますが，例えばJavaで書くとこんな感じでしょうか．

リスト4.1: JavaでのFizzBuzz

```java
void fizzBuzz(int n) {
  for (int i = 1; i <= n; i++) {
    if (i % 15 == 0) {
      System.out.println("FizzBuzz");
    } else if (i % 3 == 0) {
      System.out.println("Fizz");
    } else if (i % 5 == 0) {
      System.out.println("Buzz");
    } else {
      System.out.println(i);
    }
  }
}
```

これをScalaに置き換えていきましょう．

4.1　FizzBuzzに必要な道具を揃える①　—for式

　とりあえずループと条件分岐が必要ですね．Scalaにはループに使うことができる構文としてwhile式とfor式がありますが，ここではwhile式のことは一旦忘れて，for式を使って進めていきたいと思います．

JavaやCでよく行われるwhile文 +break・continueをScalaで実現することも可能ですがあまり推奨されていません．より賢く読みやすい方法で記述できる場合がほとんどですのでそちらを模索しましょう．

　JavaやCのfor文と似ていますが，Scalaでは**式**になっています．つまり値を返すことができます．また，"ジェネレータ"という構文を使うことで，for(int i = 0; i < 10; i++)の

ようにループカウンタを宣言して明示的にインクリメントしていくようなことはせず，Java や C++ で言う拡張 for 文（≒ foreach 文 ≒ for-in 文）に近い挙動をします．では 1 から n までカウントアップしながら標準出力を行う簡単なサンプルを見てみましょう．

リスト 4.2: for 式によるループ

```
1: val n = 3
2: for { i <- (1 to n) }{
3:   println(i)
4: }
5: /* 出力
6: 1
7: 2
8: 3
9: */
```

重要なのは i <- (1 to n) の部分です．これを"ジェネレータ"と呼びます．<- はジェネレータを表す専用のキーワードとなっており，**右辺がデータ源，左辺が右辺から順番に取り出された値**になります．先ほどのサンプルで見ると，右辺の (1 to n) は 1 から n の値を，つまり 1, 2, 3 という値を生成し，左辺の i で 1, 2, 3 を順番に利用できます．結果的にこのサンプルでは 1, 2, 3 が改行区切りで出力されるはずです．Java や C で for(int i = 1; i <= 3; i++) としたときと同じですね[1]．

ループの範囲を変えるにはジェネレータの右辺を変えればいいことがわかりました．次はもう少し高度なループを見ていきたいと思います．ターゲットにする Java のサンプルは以下の通りです．

リスト 4.3: Java でのネストした for 文

```
for (int i = 0; i <= 12; i += 3) {
  if (i % 2 == 0) {
    for (int j = 1; j <= 3; j++) {
      System.out.println(i * j);
    }
  }
}
```

2 重ループになっており，i が 3 ずつインクリメントされたり if が挟まっていたりとやや複雑になっています．Scala では次のようになります．

---

1. (1 to n) はコレクション（配列やリスト）の一種にあたり，右辺にはそのコレクションを利用できます．詳しくは 6 章で扱っていきます．

リスト4.4: ネストしたfor式

```
1: for {
2:   i <- (0 to 12 by 3) if i % 2 == 0
3:   j <- (1 to 3)
4: } {
5:   println(i * j)
6: }
```

「3ずつインクリメント」という文脈はby 3を追加するだけで実現できます．例えばby 2に変えると2ずつインクリメントされるようになります．次に見るべきはその後ろに付いている**if**です．これは**生成される値から取り出すときの条件**を指定できます．この例では偶数だけがiに渡されることになります．

ただし，このifはあくまで**生成される値から取り出すときの条件**であり，値を生成するための条件ではありません．つまり，一旦0，3，6，9，12という値が作られてからiに0，6，12だけが渡されます．

次は2つ目のjに関するジェネレータに注目しましょう．Scalaのfor式ではこのようにジェネレータを改行して複数並べることで多重ループを実現できます．今回は2つなので2重ループ相当ですが，何個でも並べることができます．先にあるジェネレータが外側のループに相当します．見た目の順序はJavaやCでfor文をネストさせた場合と同じですね．

ここまで見てきたfor式をまとめると，以下のようになります．

リスト4.5: for式の概形

```
for {
  順番に取り出される値のための変数 <- データ源
  ...
} 式
```

また現れました．for式の本体部分（後半部分）も式ですね．ジェネレータで定義した変数を利用してなんらかの計算を行うことになります[2]．

さて，ここで1つ気になる点はないでしょうか？**for式**なのに返り値がないように見えませんか？実は本体の式にどんな式を入れようともUnit型の()を返してきます．

リスト4.6: for式で期待した返り値が得られない例

```
1: val result = for {
2:   i <- (1 to 3)
3: } {
```

---

2. ジェネレータを列挙するには基本的には波括弧で囲いますが，ジェネレータが複数行にならないとき（≒1つのとき）のみ，代わりに丸括弧が利用できます．

```
4:   i
5: } // >> ()
6: // 単純に i を返すだけの式にしたい
7: // つまり，'1'，'2'，'3' と3つの値が返ってきて欲しい
8: // が，'result' は 'Unit' 型の '()' になってしまう
```

　以前解説したようにUnit型は返り値がないことを意味するものです．困りましたね，このままではfor式が式である意味が感じられません．そこで登場するのがyieldというキーワードです．C#やPythonといった一部の言語では，Scalaのyieldとほぼ同じ意味のキーワードとして使われています．このキーワードをfor式に挿入することで，本体の式の値を返すことができるようになります．

リスト4.7: yieldを利用してfor式の返り値を得る

```
1: val result = for {
2:   i <- (1 to 3)
3: } yield {
4:   i
5: } // >> '1'，'2'，'3' の3つの値からなるコレクション
```

　ここではresultはVectorというコレクションになっていますが詳細は6章で説明します．現時点では配列のように順序ある値の集まりと考えてください．これを一般的な形で見てみると以下のようになります．

リスト4.8: yieldを利用した返り値のあるfor式の概形

```
for {
  順番に取り出される値のための変数 <- データ源
  ...
} yield 式
```

　本当にただyieldというキーワードが増えただけです．単純ですね．

4.2　FizzBuzzに必要な道具を揃える② —if式

　さて次は条件分岐を見ていきましょう．まずはif式です．これも**式**になっており，JavaやCの3項演算子に近い，より汎用的な挙動をします．一般的な形にすると以下のようになります．

リスト4.9: if式の概形

```
if ('Boolean' 型の値を返す式) 式 else 式
```

条件式に応じてどちらかの式の結果がif式の結果として返されます．もちろんelse ifを利用した複数条件も記述できます．

さて，手札が揃ったところでScalaでFizzBuzzを書いていきましょう．

リスト4.10: for式とif式を利用したFizzBuzz

```
 1: def fizzBuzz(n: Int): Unit = for { i <- 1 to n } {
 2:   if (i % 15 == 0) {
 3:     println("FizzBuzz")
 4:   } else if (i % 3 == 0) {
 5:     println("Fizz")
 6:   } else if (i % 5 == 0) {
 7:     println("Buzz")
 8:   } else {
 9:     println(i)
10:   }
11: }
```

概形は先に示したJavaのものと同じですね．

4.3　FizzBuzzの趣向を変えてみる① —match式

少し違う形でも書いてみましょう．match式という構文を使ってみたいと思います．JavaやCで言うswitch文のお化けのようなものです．先ほどのFizzBuzzを書き直すと以下のようになります．

リスト4.11: for式とmatch式を利用したFizzBuzz

```
 1: def fizzBuzz(n: Int): Unit = for { i <- 1 to n } {
 2:   i match {
 3:     case x if x % 15 == 0 =>
 4:       println("FizzBuzz")
 5:     case x if x % 3 == 0 =>
 6:       println("Fizz")
 7:     case x if x % 5 == 0 =>
 8:       println("Buzz")
 9:     case x =>
10:       println(x)
11:   }
12: }
```

一般的なswitch文と形はほぼ同じですが，より多くの条件を記述できるようになっています．

上記の例ではx if x % 3 == 0やxといった条件が使われています．caseの直後に現れるx は条件判定と判定後の処理のみで利用できる変数の宣言です[3]．この変数宣言のみの場合は全て の条件にマッチしますが，更に条件を加えることができます．x if x % 3 == 0は「xが3で 割り切れる場合に限定する」という条件，xは「全てにマッチする」という条件になります．列 挙された条件は**上から順番に評価され，最初にマッチした条件のみがその後の式の評価に進み ます**(JavaやCのような条件ごとのbreakはなく，複数の条件にマッチすることもありません)． 「15で割り切れる」場合はprintln("FizzBuzz")のみが実行され，そうでなく「3で割り切れ る」場合はprintln("Fizz")のみが実行され，「5で割り切れる」場合はprintln("Buzz") のみが実行されます．そして，残りの全ての場合はprintln(x)のみが実行されるという寸法 です．

match式の一般的な形も見てみましょう．

リスト4.12: match式の概形

```
対象の式 match {
  case 1つ目の条件 => 式
  case 2つ目の条件 => 式
  ...
}
```

対象の式（変数単体も式であることを忘れないでください）が評価された結果に基づいてパ ターンマッチが行われます．多くの場合，必要なパターンを上から順に記述し，最後にcase x => 式で残り全ての条件をキャッチすると良いでしょう[4]．

また，match**式**であるため，値を返します．

リスト4.13: match式の活用

```
 1: val data = 10
 2: val result = data match {
 3:     // 定数による条件
 4:     case 0 =>
 5:       "0です"
 6:
 7:     // '|' によるOR条件
 8:     case 1 | 2 =>
 9:       "1か2です"
10:
11:     case x if x % 3 == 0 =>
```

---

3. この際にアンダースコア（_）を変数として宣言すると参照できない変数となります．
4. 列挙したパターンが網羅性に欠ける場合（=値によってはどのパターンにもマッチしない可能性がある場合）はコンパイラから警告が出ることがあります（=出ない場合もあり ます）．いずれにせよ，どんな値が来てもいずれかの条件にマッチするようにパターンを構成しましょう．

```
12:      // `toString` を呼び出すことで文字列に変換できます
13:      "0でも1でも2でもなく3で割り切れる値である" + x.toString + "です"
14:
15:    case x =>
16:      // 文字列補完
17:      s"0でも1でも2でもなく3で割り切れない値である${x}です"
18: }
19:
20: println(result)
21: /* 出力
22: "0でも1でも2でもなく3で割り切れない値である10です"
23: */
```

文字列補完

複数の文字列と変数を組み合わせて文字列を作成するための文字列補完と呼ばれる機能があります．文字列を括るクォーテーション（"）の前にsを付けることで，文字列内で${式}として変数を参照して式を記述できるようになります．なお，文字列補完やprintlnにString型でない値が渡された時は暗黙的にtoStringが呼び出されます．

定数条件の場合は定数をそのまま条件として利用します．この際|で区切ることでOR条件にできます．match式はここまで扱ってきた以外にも様々な条件に対応しています．本書でももう少し出てきます．

4.4　FizzBuzzの趣向を変えてみる② ―再帰

ここで趣向を変えてループを使わずにFizzBuzzを書き直してみましょう．ループの代わりといえば再帰ですね．

リスト4.14: 再帰とmatch式によるFizzBuzz

```
 1: def fizzBuzz(n: Int, i: Int = 1): Unit = {
 2:   // 値に応じて出力
 3:   i match {
 4:     case x if x % 15 == 0 =>
 5:       println("FizzBuzz")
 6:     case x if x % 3 == 0 =>
 7:       println("Fizz")
 8:     case x if x % 5 == 0 =>
 9:       println("Buzz")
10:     case x =>
11:       println(x)
```

```
12:     }
13:
14:     // `i` が `n` になるまで再帰呼び出し
15:     if (i < n) fizzBuzz(n, i + 1)
16: }
17:
18: fizzBuzz(15) // 最初の呼び出し
```

iをカウンタとして，nまで再帰呼び出しを行います．最初の呼び出しではi: Int = 1のデフォルト引数を利用しています（再帰呼び出しの際はi + 1を利用）．

Scalaは関数型プログラミングのアプローチを汲んでいる言語のため，そうでない言語に比べてループより再帰の方が記述しやすいという機会が自然と多くなります．慣れておくと良いでしょう．ただしScalaで再帰を書く際には**末尾再帰最適化**が注意点として挙げられます．末尾再帰最適化というのは，「再帰呼び出しが関数内で最後に評価される箇所でしか発生しない場合に適用される最適化」のことです．この最適化が行われない再帰関数は，容易にスタックオーバーフローを引き起こしてしまうため書くべきではありません．フィボナッチ数列（0, 1, 1, 2, 3, 5, ...と続く，第n項が第n-1項と第n-2項の和で表される数値列）を例にすると以下のようになります．

リスト4.15: 末尾再帰ではないフィボナッチ数列

```
1: def fib(n: Int): Int =
2:   if (n < 2) n else fib(n - 1) + fib(n - 2)
```

まず1つ目のコードは末尾再帰最適化が行われないサンプルです．見てみると，if式前半はnを返すだけなので良いものの，後半部分（fib(n - 1) + fib(n - 2)）で最後に評価されるのは+になっています（fib(n - 1)→fib(n - 2)→それらの結果の加算を行う+という順で評価される）．つまり末尾以外で再帰呼び出しが発生しているため最適化が行われません．

リスト4.16: 末尾再帰のフィボナッチ数列

```
1: def fib(n: Int): Int = {
2:   // 慣習的に再帰のために切り出された内部メソッドには
3:   // `go` や `loop` という名前が用いられることが多い
4:   @scala.annotation.tailrec
5:   def go(n: Int, prev: Int, curr: Int): Int =
6:     if(n == 0) prev
7:     else go(n - 1, curr, prev + curr)
8:   go(n, 0, 1)
9: }
```

一方2つ目のコードは，全ての再帰呼び出しが最後に評価される箇所（go(n - 1, curr, prev + curr)）でしか発生していません．そのためgoメソッドは末尾再帰最適化が行われます．末尾再帰最適化が行われる形への変形は困難な場合もあるため，できないのであればfor式など他の方法を模索しましょう．

　なお，再帰関数を書く場合は@scala.annotation.tailrecというアノテーションを付けておくことで，末尾再帰最適化ができない形になっていたときにコンパイルエラーで教えてくれます．実行時のスタックオーバーフローを防ぐためにも必ず付けておきましょう．

第5章　オブジェクト指向で多角形を扱おう

クラスやトレイトといったオブジェクト指向に関わる構文

5.1　多角形を表現してみる―クラス

　まず、多角形を表現するクラスを作ります．コンストラクタで辺の情報を受け取るものとし，渡された辺の情報からそれが何角形なのかとその面積を計算して保持させます．基底クラスとなるPolygonクラスから見ていきましょう．

リスト5.1: 多角形を表す抽象クラス

```
1: abstract class Polygon(edges: List[Int]) {
2:   val n = edges.length  // n角形
3:   val area: Double  // 面積
4: }
```

　クラスの宣言はJavaに似ていますが，大きく異なる点がいくつかあります．まずは似ている点ですが，クラスの宣言はclassキーワードを利用し，続けてメンバを宣言していきます．また抽象クラスはabstractキーワードを付けます．これで実装を省略したメンバを利用できるようになります．

　さて，ここからがJavaと異なる点です．まずメンバのアクセシビリティですが，これを省略すると自由にアクセスできるようになります (Javaのpublic相当[1])．protectedを付けることで自身と継承先のクラスからのみ，privateを付けることで自身のクラスからのみアクセスできるように制限できます．

　もう1つ大きく異なる点として，コンストラクタが挙げられます．Scalaには明示的なコンストラクタはありません．クラス名に続けて必要であればコンストラクタ引数を受けることができます．また，クラス内に直接書かれた処理，例えばPolygonであればval n = edges.length, val area: Doubleの部分はコンストラクタとしてクラスの初期化時に実行されます．

　引数の異なるコンストラクタを利用したい場合は，コンストラクタ引数にデフォルト引数を利用するかthisという名前の特殊なメソッドを定義することで，それを補助のコンストラクタとして利用できます．

　上記のようにコンストラクタ引数をclass クラス名(引数名: 引数の型)という形式で記述すると，private valで宣言した場合と同じ，クラス内からのみアクセスできる不変な値に

---

[1] Scalaに "public" というキーワードはありません．

なります．これをclass クラス名(val 引数名：引数の型)とvalを付与することでvalで宣言した変数と同じように外部から参照できる不変な値になります．また，class(var 引数名：引数の型)とすることでvarで宣言した場合と同じように外部から参照できる可変な値になります．

さて，Polygonをベースに三角形を表すTriangleを実装してみましょう（今回は扱いませんが，四角形を表すSquareや五角形を表すPentagonといった実装も考えられます）．extendsキーワードでクラスを継承できます．コンストラクタ引数は子クラスで受け取るように記述し，親クラスにはextends Polygon(edges)のedgesのように渡すことになります．

リスト5.2: 三角形を表すクラス

```
 1: abstract class Polygon(edges: List[Int]) {
 2:   val n = edges.length // n個の辺から成るn角形
 3:   val area: Double // 面積
 4: }
 5:
 6: class Triangle(edges: List[Int]) extends Polygon(edges) {
 7:   // 与えられた辺から三角形が成立すると勝手に仮定
 8:   val a = edges(0)
 9:   val b = edges(1)
10:   val c = edges(2)
11:
12:   val area = {
13:     // Heron's formula
14:     val s = (a + b + c) / 2.0
15:     math.sqrt(s * (s - a) * (s - b) * (s - c))
16:   }
17: }
```

見ての通り子クラスによる抽象メンバの実装は単純に行うことができますが，もし既に実装済みのメンバ(Polygonのval n)を上書きする場合はoverrideキーワードを付与(override val n = 10)する必要があります．Javaとは違い@Overrideアノテーションではないことに注意してください．

ここでクラスの定義をまとめたいと思います．

リスト5.3: クラスの概形

```
abstract class クラス名(コンストラクタ引数：コンストラクタ引数の型, ...)
    extends 親クラス(親クラスコンストラクタ引数, ...) {
  メンバの定義 // コンストラクタを兼ねる
}
```

abstractや継承のextendsは必要に応じて付けます．コンストラクタ引数がない場合は()を含めて省略可能です．メンバと同じようにクラスにもprivateやprotectedといったアクセス修飾子を付与できます．

さて，クラスの宣言ができたので，今度はそれを利用してみます．Javaと同じようにnewキーワードを使うことでクラスのインスタンス化を行い，.でメンバを参照できます．

メソッドの場合と同じく，コンストラクタ引数が0個の場合はインスタンス作成時の()を省略できます．

リスト5.4: クラスのインスタンス化

```
1: // [3, 4, 5] から成るリストを作成します  （6章で詳しく紹介します）
2: val edges = List(3, 4, 5)
3: val triangle = new Triangle(edges)
4: println(triangle.area)
5: /* 出力
6: 6.0
7: */
```

areaはインスタンス化時にコンストラクタの処理の一つとして計算が行われ，その結果をareaとして参照できるようになっています．

5.2 便利機能を追加してみる―オブジェクト

これでクラスを宣言して利用できるところまで来ましたが，少々不便なところが残っています．edgesに矛盾する値，例えば辺が3つ必要にも関わらずList(3, 4)を渡してしてしまうとおかしなことになってしまうことが分かると思います．

そこで，与えられるedgesに応じて適切なPolygonを生成するファクトリメソッドを定義します．これはTriangleを生成するファクトリメソッドなので，Polygonの静的メソッド（＝クラスメソッド）として定義するのが良さそうですね．ScalaにはJavaのようなstaticキーワードはなく，代わりにコンパニオンオブジェクトを定義します．コンパニオンオブジェクトとはクラスと同名が付けられた特殊なオブジェクトのことです．オブジェクトというのはクラスと似た機能で，内部にフィールドを持つことができます．ただし全て静的に扱われるという特徴があり，クラスとは異なりインスタンス化することなく利用されます．以下に静的なファクトリメソッドを持つコンパニオンオブジェクトのコードを示します．

> コンパニオンオブジェクトは組み合わせるクラスと同一ファイル・同一パッケージに宣言する必要があります．また，オブジェクトはいわゆるシングルトン（スコープ内で唯一）であり，Javaの文脈で言う静的（static，アプリケーション内で唯一）とは異なります．

リスト 5.5: 多角形クラスに紐づくコンパニオンオブジェクト

```
 1: // 追加するコンパニオンオブジェクト
 2: object Polygon {
 3:   // 与えられる 'edges' の辺に応じて
 4:   // 適切な多角形を生成する静的なファクトリメソッド
 5:   def fromEdges(edges: List[Int]): Polygon =
 6:     edges.length match {
 7:       case 3 =>
 8:         new Triangle(edges)
 9:       case x =>
10:         ??? // 該当なし
11:     }
12: }
13:
14: val edges3 = List(3, 4, 5)
15: val polygon3 = Polygon.fromEdges(edges3)
16: println(s"辺の数: ${polygon3.n}, 面積: ${polygon3.area}")
17: /* 出力
18: 辺の数: 3, 面積: 6.0
19: */
20:
21: val invalidEdges2 = List(3, 4)
22: // val invalidPolygon2 = Polygon.fromEdges(invalidEdges2)
23: // Error
```

これで，いい感じに多角形のインスタンスを生成できるようになりました．ここからはもう少しコンパニオンオブジェクトを使いこなせるようになりましょう．

コンパニオンオブジェクトのもう1つの特徴として，**同名クラスのprivateなメンバにアクセスできる**というものがあります．先ほどは紹介しませんでしたが，コンストラクタ引数リストの前にprivateキーワードを挿入することで，コンストラクタをプライベートコンストラクタにできます．つまり，外部からはインスタンス化ができなくなります．その代わりにコンパニオンオブジェクト内にファクトリメソッドを設け，そこからしかインスタンス化できなくするという技法があります．このとき内部ではコンパニオンオブジェクトからprivateなコンストラクタを呼んでインスタンスを生成することになります．

コンパニオンオブジェクトでない，一般的なオブジェクトも見ておきましょう．代表的な用途は「エントリポイント用のフィールドを提供するため」，「ユーティリティメソッドを定義するため」や「列挙型の実装」といったところでしょうか．いずれもオブジェクトが静的であることを利用しています．

1つ目は最初のサンプルのobject ScalaTourに該当します．ちなみにコンパイラが自動的

にメインメソッドを探索するため，Javaとは異なりファイル名とクラス名を一致させる必要はなく，ここはScalaTourというオブジェクト名でなくても問題ありません．

リスト5.6: エントリポイントとしてのオブジェクト（※sbtプロジェクト/ScastieWorksheetオフで実行）

```
1: package example
2:
3: object ScalaTour {
4:   def main(args: Array[String]): Unit = {
5:     val message = "Hello World"
6:     println(message)
7:   }
8: }
```

2つ目は，そのままですがグローバルに利用されるユーティリティメソッド置き場として使われることです．

3つ目は列挙型の実装です[2]．ScalaにはJavaやCのような列挙型を表すenumキーワードが存在しません．代わりにオブジェクトを利用するとうまく実現できます．

リスト5.7: 列挙型としてのオブジェクト

```
1: sealed abstract class Animal(val cry: String)
2: object Cat extends Animal("にゃー")
3: object Dog extends Animal("わんわん")
4:
5: def checkAnimal(animal: Animal): Unit = animal match {
6:   case Cat =>
7:     println(s"Catです．「${animal.cry}」と鳴きます")
8:   case Dog =>
9:     println(s"Dogです．「${animal.cry}」と鳴きます")
10: }
11:
12: val cat = Cat
13: checkAnimal(cat)
14: /* 出力
15: Catです．「にゃー」と鳴きます
16: */
```

sealedというアクセス修飾子が出てきましたが，これは**同じファイル内のみに継承を許可する**ことを意味します．そして継承先をクラスではなくオブジェクトにすることでそれ以上の

2.Scalaでの列挙はEnumerationクラスで実現することもできますが，利便性からここで紹介するオブジェクトを利用した方法をおすすめします．

継承を許可せず，更にシングルトンとして扱われます．これらの組み合わせにより，Animalの親子関係がCat・Dogに限定され，列挙型として扱うことができます．実体はクラスとオブジェクトであるため自由にメンバを持たせることができます．サンプル後半部分を見ると分かるように，match式はオブジェクトによるパターンマッチングが可能です．

【コラム】ケースクラス

ここでちょっと便利なクラス・オブジェクト宣言を紹介しようと思います．ケースクラス(ケースオブジェクト) と呼ばれるものです．

※ケースクラスはクラスの一部を自動的に実装するだけであり，ケースクラスにできてクラスにできないことはありません (ケースオブジェクトも同様です)．

まず宣言方法ですが，class(object) としていたところを case class(case object) に変更するだけです．これにより多くの自動実装が行われます．ここではそのうち一部の機能のみ列挙して紹介したいと思います．

1. 「コンストラクタ引数リストと同じ引数リストを持ち，それを利用したインスタンスを作成して返却する」ファクトリ用の実装が行われている apply という名前のメソッドが暗黙的に定義されます (オブジェクトはシングルトンなので無関係)．
2. コンストラクタ引数が自動的に val 付き，つまりパブリックな変数として定義されます (オブジェクトにはコンストラクタがないので無関係)．
3. クラス・オブジェクト名とクラスの場合は引数リストを文字列化して返す toString という名前のメソッドが定義されます．
4. コンストラクタ引数で定義された値をコピーして新しいインスタンスを生成する copy という名前のメソッドが定義されます (オブジェクトはシングルトンなので無関係)．
5. match式で特別扱いされる unapply という名前のメソッドが暗黙的に定義されて，**コンストラクタ引数リストでパターンマッチが可能**になります．(オブジェクトにはコンストラクタがないので無関係)．

applyメソッド

apply という名前のメソッドは特殊な扱いを受け，メソッド名を省略してクラスやオブジェクトから直接呼び出すことができます．

リスト 5.8: applyメソッド
```
1: class Foo {
2:   def apply(): Unit =
3:     println("インスタンスメソッドのapplyです")
4: }
```

```scala
 5: object Foo {
 6:   def apply(str: String): Int = {
 7:     println("クラスメソッドのapplyです")
 8:     println(s"引数や返り値も自由にできます${str}")
 9:     str.length
10:   }
11: }
12: val foo = new Foo
13: foo()
14: /* 出力
15: インスタンスメソッドのapplyです
16: */
17: val result = Foo("!!!")
18: /* 出力
19: クラスメソッドのapplyです
20: 引数や返り値も自由にできます!!!
21: */
22: println(result)
23: /* 出力
24: 3
25: */
```

リスト5.9: ケースクラスの機能

```scala
 1: val generator = new scala.util.Random
 2: case class Foo(i: Int) {
 3:   val randomValue = generator.nextInt // 乱数
 4: }
 5:
 6: // 1. の機能であたかも `new` キーワードを省略するようにみえる
 7: // 実際にはケースクラスの機能で自動実装されたファクトリメソッド
 8: // `def apply(i: Int): Foo` が呼び出されている
 9: val foo1 = Foo(10) // == Foo.apply(10)
10:
11: // 2. の機能で `val` を付けずにコンストラクタ引数が外部から参照できる
12: println(foo1.i)
13: /* 出力
14: 10
15: */
16:
17: // 3. の機能でいい感じの文字列を得ることができる
18: println(foo1.toString)
19: /* 出力
```

```
20: Foo(10)
21: */
22: println(foo1)
23: /* 出力
24: Foo(10)
25: */
26:
27: // 普通のクラスだとハッシュ値が出力される
28: class Bar
29: val bar = new Bar
30: println(bar.toString)
31: /* 出力 (環境によってハッシュ値は異なります)
32: Bar@79cf123b
33: */
34: println(bar)
35: /* 出力 (環境によってハッシュ値は異なります)
36: Bar@79cf123b
37: */
38:
39: // 4. の機能でインスタンスのコピーが可能になる
40: val foo2 = foo1.copy()
41: // コンストラクタ引数はコピーされるので等しい (`i == 10`) が,
42: // `randomValue` はコピーされないのでバラバラになる
43: println(s"${foo1}, randomValue: ${foo1.randomValue}")
44: /* 出力
45: Foo(10), randomValue: -603337545
46: */
47: println(s"${foo2}, randomValue: ${foo2.randomValue}")
48: /* 出力
49: Foo(10), randomValue: 1511398269
50: */
51:
52: // 5. の機能でパターンマッチが可能になる
53: foo1 match {
54:   // 引数リストが変数に束縛して利用可能
55:   case Foo(i) => println(s"Fooであり, iは${i}です")
56:   case _ => println("Fooではありません")
57: }
58: /* 出力
59: "Fooであり, iは10です"
60: */
```

ケースクラスではコンストラクタ引数リストの()を省略できず，もし省略する (e.g. case class Foo) とコンパイルエラーになります．コンストラクタ引数が不要な場合はcase class Foo()としましょう．

※内部的な制約により，ケースクラス・ケースオブジェクトはケースクラスを継承できません．

ケースオブジェクトを利用することにより，先ほどの列挙型を以下のようにちょっとだけ良くできます．

リスト5.10: ケースオブジェクトを利用した列挙

```
 1: sealed abstract class Animal(val cry: String)
 2: case object Cat extends Animal("にゃー")
 3: case object Dog extends Animal("わんわん")
 4:
 5: def checkAnimal(animal: Animal): Unit = {
 6:   // 自動実装される `toString` によりいい感じの名前を取得できる
 7:   println(s"${animal}です。「${animal.cry}」と鳴きます")
 8: }
 9:
10: val cat = Cat
11: checkAnimal(cat)
12: /* 出力
13: Catです。「にゃー」と鳴きます
14: */
```

5.3 多角形に色と透明度を付けてみる―トレイト

この章の最後に，先ほど作成したPolygonに色と透明度を付けてみたいと思います．この色と透明度をPolygonの外部で表現するためにトレイトという構文を利用していきます．トレイトとはJavaでいうところのインターフェースに近い構文です．先に紹介した抽象クラスにも似ていますが，大きく異なる点が3つあります．

1. トレイトはコンストラクタを持つことができません．よってコンストラクタ引数も取ることができません．
2. 抽象クラスは多重継承できませんが，トレイトは多重継承のようなことができます．このトレイトの多重継承のようなことをミックスインと呼びます．1つ目の継承元にはextendsを使いますが，2つ目以降にはwithというキーワードを使います．
3. トレイトのミックスインはクラス宣言時だけでなくクラスインスタンス化時にも利用できます．

これらを元に，抽象クラスとトレイトを使い分けていくことになります．

リスト5.11: トレイトの利用

```
 1: // コンストラクタ引数を利用するのでトレイトではなく抽象クラスを選択
 2: abstract class Polygon(edges: List[Int]) {
 3:   val n = edges.length // n個の辺から成るn角形
 4:   val area: Double // 面積
 5: }
 6:
 7: // 色と透明度の両方ミックスインしたいので抽象クラスではなくトレイトを選択
 8: trait Color {
 9:   val red: Int
10:   val green: Int
11:   val blue: Int
12:
13:   // 実装を持つことができる
14:   def printColor(): Unit = println(s"$red-$green-$blue")
15: }
16: trait Blue extends Color {
17:   override val red = 0
18:   override val green = 0
19:   override val blue = 255
20: }
21: trait Yellow extends Color {
22:   override val red = 255
23:   override val green = 255
24:   override val blue = 0
25: }
26:
27: trait Transparency {
28:   val alpha: Double
29: }
30: trait Frosted extends Transparency {
31:   override val alpha = 0.5
32: }
33:
34: // クラス宣言時に青を表す `Blue` トレイトと
35: // 半透明を表す `Frosted` トレイトをミックスイン
36: class BlueFrostedTriangle(edges: List[Int])
37:     extends Polygon(edges) with Blue with Frosted {
38:   val a = edges(0)
39:   val b = edges(1)
```

```
40:     val c = edges(2)
41:
42:     val area = {
43:       // Heron's formula
44:       val s = (a + b + c) / 2.0
45:       math.sqrt(s * (s - a) * (s - b) * (s - c))
46:     }
47: }
48:
49: val edges = List(3, 4, 5)
50: val blueFrostedTriangle = new BlueFrostedTriangle(edges)
51: blueFrostedTriangle.printColor()
52: /* 出力
53: 0-0-255
54: */
55: println(blueFrostedTriangle.alpha)
56: /* 出力
57: 0.5
58: */
```

上記では，クラスの継承と同じようにクラス宣言時にトレイトのミックスインを行いました．次にクラスインスタンス化時のミックスインを見てみましょう．

リスト5.12: インスタンス化時のトレイトミックスイン

```
 1: // クラス宣言時には色・透明度を表すトレイトの
 2: // どちらも利用していない
 3: class Triangle(edges: List[Int]) extends Polygon(edges) {
 4:     val a = edges(0)
 5:     val b = edges(1)
 6:     val c = edges(2)
 7:
 8:     val area = {
 9:       // Heron's formula
10:       val s = (a + b + c) / 2.0
11:       math.sqrt(s * (s - a) * (s - b) * (s - c))
12:     }
13: }
14:
15: val edges = List(3, 4, 5)
16: // インスタンス化時に初めてトレイトをミックスイン
17: val blueFrostedTriangle = new Triangle(edges) with Blue with Frosted
```

```
18: blueFrostedTriangle.printColor()
19: /* 出力
20: 0-0-255
21: */
22: println(blueFrostedTriangle.alpha)
23: /* 出力
24: 0.5
25: */
```

このようなミックスインはクラスの継承では再現できません．ミックスインをクラス宣言時からクラスインスタンス化時に遅延させることで，より柔軟な操作が可能です．

ミックスイン時に菱形継承問題が起きた場合 (例えばclass ColoredTriangle(edges: List[Int]) extends Polygon(edges) with Blue with Yellowというように同じColorトレイトを基底とするBlueとYellowを同時にミックスインした場合) はミックスインの順序から後勝ち (Blueによる実装は無視されYellowによる実装が利用される) となります．なお，衝突するフィールドにはoverrideキーワードが必要になります．

抽象クラスとトレイトどちらでも大丈夫というケースも多々あるはずですが，その場合はミックスインのことを見越してトレイトを選択すると良い場合が多いでしょう．

最後にトレイトの一般的な形を示します．

リスト5.13: トレイトの概形

```
アクセス修飾子 trait トレイト名 extends 継承元1 with 継承元2 {
    メンバの定義  // 実装はなくても良い
}
```

アクセス修飾子と継承は必要に応じて行うことになります．

【コラム】タプル

複数の値をまとめるためにタプルを利用できます．要素には任意の個数の任意の型を扱うことができ，不変な値として静的に型付けされます．要素数がN個のタプルはTupleN[T1, T2,..., TN]という型で表されます．より簡潔に (T1, T2,..., TN) という型の糖衣構文を利用することもできます．

リスト5.14: タプルの利用

```
1: val tuple21 = (1, "Hello") // 要素が2個のタプル
```

```
 2: // >>: Tuple2[Int, String] == (Int, String)
 3:
 4: // 要素が2個の時だけ '->' でも作成できる
 5: val tuple22 = 1 -> "Hello" // == (1, "Hello")
 6: // >>: Tuple2[Int, String] == (Int, String)
 7:
 8: val tuple3 = (1, "Hello", List(1, 2, 3)) // 要素が3個のタプル
 9: // >>: Tuple3[Int, String, List[Int]] == (Int, String, List[Int])
10:
11: // タプルの要素には '._' + 1-オリジンのインデックス
12: // で取り出すことができる
13: println(tuple21._1)
14: /* 出力
15: 1
16: */
17: println(tuple21._2)
18: /* 出力
19: "Hello"
20: */
21:
22: // 要素は不変なので再代入はできない
23: // tuple21._1 = 100 // Error
```

よくある用途としてメソッドから複数の値を返すために利用できます．

リスト5.15: 多値返却でのタプルの活用

```
 1: def popHead(xs: List[Int]): (Int, List[Int]) = xs.head -> xs.tail
 2:
 3: val list = List(1, 2, 3)
 4:
 5: val headTail = popHead(list) // == (1, List(2, 3))
 6: val head = headTail._1 // == 1
 7: val tail = headTail._2 // == List(2, 3)
 8:
 9: // 左辺をタプルの形式にしてタプルを代入すると各要素が分割して代入される
10: val (h, t) = popHead(list)
11: // h == 1
12: // t == List(2, 3)
```

タプルは複数の値をまとめる際に便利ですが，要素に名前がなくインデックスで管理することになり，可読性が落ちる傾向にあるため濫用しないように注意しましょう．複数箇所で同じ

意味を持つタプルを利用する場合は，代わりにケースクラスの利用を検討すると良いでしょう．

第6章　FizzBuzzを作ってみよう

パラメータ多相・コレクション・関数

　4章ではFizzBuzzを出力してみました．この章では同じFizzBuzzを作っていきましょう．具体的には，1からnの整数リストを作成し，そこからFizzBuzzを施した文字列リストに変換していきます．

　ここまでのサンプルコードで度々出てきていましたが，Scalaの標準ライブラリから多数のコレクション（配列やリストといった多数の値を扱うデータ構造）とそのコレクションを操作するためのメソッドが提供されているので利用していこうと思います．

6.1　コレクションを扱う前に…―パラメータ多相

　その前にコレクションやその他でも多く利用されているScalaのパラメータ多相について紹介します．パラメータ多相とは，例えばリストという1つのデータ構造で整数リストや文字列リストといった様々な要素に対応するために利用される機能です．ScalaではList[Int]やList[String]のように[]がパラメータ多相のための記号になり，中に型がパラメータとして入ります．もちろんクラスだけでなくトレイトやメソッドにも適用でき，それぞれ以下のように定義・呼び出しができます．

リスト6.1: 型パラメータを持つクラス

```
 1: class Box[T](var element: T) {
 2:   def get(): T = element
 3:   def set(newElement: T): Unit = {
 4:     element = newElement
 5:   }
 6: }
 7:
 8: val intBox = new Box[Int](10) // `Box[Int]`
 9: println(intBox.get())
10: /* 出力
11: 10
12: */
13: intBox.set(0)
14: println(intBox.get())
15: /* 出力
16: 0
```

```
17: */
18:
19: sealed abstract class Animal(val cry: String)
20: case object Cat extends Animal("にゃー")
21: case object Dog extends Animal("わんわん")
22:
23: val animalBox = new Box[Animal](Cat) // `Box[Animal]`
24: println(animalBox.get())
25: /* 出力
26: Cat
27: */
28: animalBox.set(Dog) // `Dog` は `Animal` を継承してるのでok
29: println(animalBox.get())
30: /* 出力
31: Dog
32: */
33:
34: // 型パラメータの省略
35: val intBox2 = new Box(10) // `Box[Int]`
36: val catBox = new Box(Cat) // `Box[Animal]` ではなく `Box[Cat]`
37: // catBox.set(Dog) // Error: `Box[Cat]` に `Dog` は入らない
```

型パラメータは省略できますが，意図しない推論をされる可能性もあるので注意してください．以下に一般的な形も示します．

リスト6.2: 型パラメータを持つクラス・トレイト・メソッド

```
class クラス名[型パラメータ, ...](コンストラクタ引数: コンストラクタ引数の
型, ...) {
   メンバの定義
}

trait トレイト名[型パラメータ, ...] {
   メンバの定義
}

def メソッド名[型パラメータ, ...](引数: 引数の型, ...): 返り値の型 = 式
```

型パラメータにはそのまま任意の型を渡すことができますが，特定クラスの子クラス/親クラスといった制約を加えることもできます．[T] の代わりに [T <: A] とすることでTがAかAの子クラス，[T >: B] とすることでTがBかBの親クラスに制限できます．

6.2 FizzBuzzを作る―Range・List・関数

さて，FizzBuzzには値の順序が必要なのでとりあえずリストを使っていきます．

リスト6.3: FizzBuzz変換を行うメソッド①

```
 1: def toFizzBuzz(numbers: List[Int]): List[String] =
 2:   numbers.map((i: Int) => i match {
 3:     case x if x % 15 == 0 => "FizzBuzz"
 4:     case x if x % 3 == 0 => "Fizz"
 5:     case x if x % 5 == 0 => "Buzz"
 6:     case x => x.toString
 7:   })
 8:
 9: val n = 15
10: val numbers = (1 to n).toList
11: val fizzBuzzList = toFizzBuzz(numbers)
12: fizzBuzzList.foreach((s: String) => println(s))
13: // `s` の型シグネチャである `String` は推論されるので省略できる
14: // fizzBuzzList.foreach(s => println(s))
```

まずは元となる1からnまでのリストは，4章でも出てきた(x to y)を利用します．これはRangeと呼ばれる**範囲に基づくコレクション**を生成します．大抵のコレクション間には変換用メソッドが用意されており，今回はRange→List[Int]をするためのtoListを呼び出すことで変換を行います．

次にtoFizzBuzzを見ていきましょう．numbersのmapが呼ばれています．mapは引数として与えられた関数に基づいてコレクション内の各要素を変換するメソッドです．Scalaでは関数を整数や文字列と同じように変数に代入したりメソッドの引数に渡すことができます．例えばtoFizzBuzzの変換に使われている関数部分をfとして抜き出すと以下のようになります．

リスト6.4: FizzBuzz変換を行うメソッド②

```
1: def toFizzBuzz(numbers: List[Int]): List[String] = {
2:   val f: Int => String = (i: Int) => i match {
3:     case x if x % 15 == 0 => "FizzBuzz"
4:     case x if x % 3 == 0 => "Fizz"
5:     case x if x % 5 == 0 => "Buzz"
6:     case x => x.toString
7:   }
8:   numbers.map(f)
9: }
```

左辺 f の型シグネチャ Int => String は「Int の引数を 1 つ取り String を返す関数」を意味します．**=> の左側が引数型のリスト，右側が返り値の型**になっています．右辺は関数本体であり，**=> の左側が引数のリスト，右側が式**になっています．=> が多く出てきますが，どれも左辺が引数・右辺が返り値を意味しています．型シグネチャなのか関数なのかを混同しないように注意しましょう．右辺の関数は f に代入する前の段階では名前がないので**匿名関数**や**無名関数**と呼ばれ，特にこのような匿名関数を宣言するための構文は**ラムダ式**や**ラムダ記法**と呼ばれます．

さて，もう 1 つ foreach というメソッドが出てきますね．これは返り値の無いバージョンの map であり，map と同様に**各要素を引数に取る関数**を引数に取ります．今回は s => println(s) という関数を渡すことで各要素の標準出力を行います．このように，for 文のようなループ用構文を使わなくても同様の操作を実現できるのです．

メソッドは def で定義されるものを指し，**関数**は上記の f のように変数への代入や引数として渡すことできるもの（いわゆる第一級の値）を指します（def で定義されたメソッドを変数に直接代入することはできません）．混同されがちですが，本来異なるものということ頭の片隅においておくと良いでしょう．

【コラム】主なコレクション

List を対象に map と foreach を取り上げましたが，Scala のコレクションメソッドは非常に精錬されており，配列（Array）や集合（Set）といった他のコレクションも同じインターフェースのメソッドで操作を行うことができます．よく利用されるコレクションをいくつか挙げてから，よく使われるコレクションメソッドをもう少し見ていきたいと思います．

ここではよく利用されるコレクションをいくつかピックアップして紹介します．

なお，**デフォルトでは不変なコレクションが利用されます**（Array は例外です）．import scala.collection.mutable.コレクション名と明示的にインポートすることで可変なコレクションを利用することもできます．

---

import scala.annotation.tailrec や import scala.collection.mutable._ と言った形で，別名前空間に属するパッケージ・クラス・メソッドを利用できるようになります．'_' を利用することで直下の全てを対象にとれますが，意図しないインポートの回避やコンパイル時間短縮のため，出来る限り避けるべきです．

Scala のコレクションは Array などの一部を除いて継承関係にあり，それぞれ性能特性が異

なります．適材適所で選択しましょう．以降で紹介するコレクションの一部は具体的なクラスではなくトレイトであり，内部実装はさらに分岐しているものもあります．

■ String

Stringは本来コレクションではないのですが，Scalaでは文字列をChar型の文字の集まりとしてみることで，他のコレクションと同様に扱うことができます．

リスト6.5: コレクションとしてのString

```
 1: val string = "Hello"
 2:
 3: string.foreach(c => println(c))
 4: /* 出力
 5: H
 6: e
 7: l
 8: l
 9: o
10: */
```

■ Range

Rangeは規則的に生成された数値の集まりです．あくまで生成時のみであり，mapやtoListといったコレクションメソッドで別コレクションに変換するかループインデックスとして利用されることが多いです．定期的に出てきているtoにより生成されるコレクションがこれに該当します．ここまではtoとbyしか紹介してきませんでしたが，他にもuntilが利用できます．

リスト6.6: Rangeの利用

```
 1: // 不等号で例えると ‘<=‘
 2: val oneToThree = 1 to 3 // >> [1, 2, 3]
 3:
 4: // 不等号でと例えると ‘<‘
 5: val oneUntilThree = 1 until 3 // >> [1, 2]
 6:
 7: // ‘by‘ で負値を指定することで逆順で生成
 8: val threeToOne = 3 to 1 by -1 // >> [3, 2, 1]
 9:
10: // ‘to‘, ‘until‘ や ‘by‘ はメソッドの中置記法
11: val oneToThree0 = 1.to(3) // == 1 to 3
```

to, untilやbyはキーワードではなく，ただのメソッドとして実装されています．Scalaには引数が1個のメソッド呼び出しの.と()を省略できる中置記法と呼ばれる糖衣構文があ

ります．つまり，1 to 3 を省略せずに書くと 1.to(3) となります．3 to 1 by -1 であれば 3.to(1).by(-1) です．

この中置記法は広く使われており，例えば四則演算の 1 + 2 や 4 / 2 を省略せず書くと 1.+(2)，4./(2) となります．他の言語では + や / といった記号演算子がキーワードとして特別扱いされることが一般的ですが，Scala にそのようなキーワードはなくただのメソッドの1つに過ぎません．

中置記法は引数が1個という条件さえ満たされればいつでも利用できますが，濫用すると可読性が落ちてしまいます．「記号メソッドと Range に関わるメソッドの呼び出しに限る」といった程度に利用を自主的に制限すると良いでしょう．

■ Array[T]

Array[T] は配列です．内部的には Java の配列を利用しているので，パフォーマンスは Java と等しくなります．Java の配列であるために**可変なコレクション**になっていることに注意してください．

なお，Java のように専用の構文（int arr[] = new int[5];）を必要とせず，他のコレクションと同様の初期化やコレクションメソッドが利用できます．「インデックスによるランダムアクセスが高速」・「サイズの変更ができない」といった特徴が挙げられます．

リスト6.7: Array の利用

```
 1: // 要素数から初期化（要素数5の‘Int‘配列）
 2: val arr1 = Array.fill(5)(0)
 3:
 4: // 値から初期化
 5: val arr2 = Array("Hello", "World")
 6:
 7: // ‘()‘ でインデックスによるアクセスができる
 8: for { i <- 0 to 1 } { println(arr2(i)) }
 9: /* 出力
10: "Hello"
11: "World"
12: */
13:
14: // 明示的にインデックスによるアクセスをせずとも
15: // コレクションメソッドで同様の操作ができる
16: arr2.foreach(el => println(el))
17: /* 出力
18: "Hello"
19: "World"
20: */
21:
```

```
22: // 要素は可変なので再代入できる
23: arr2(0) = "Hell"
24: arr2.foreach(el => println(el))
25: /* 出力
26: "Hell"
27: "World"
28: */
```

■List[T]

List[T]は単方向リストで，非常によく利用されているコレクションです．コレクションメソッドの多くはすべての要素を舐めるような操作であるため，先頭から順番に要素を取り出すことに長けているListと相性が良いのです．ListとListを連結して新しいListにするといったこともできるため，List自体は不変でも可変に近い自由度があります．ただしインデックスによるランダムアクセスには不向きです．

リスト6.8: Listの利用

```
 1: // 要素数s初期化（要素数5の‘Int‘リスト）
 2: val list1 = List.fill(5)(0)
 3:
 4: // 値から初期化
 5: val list2 = List("Hello","World")
 6:
 7: list2.foreach(el => println(el))
 8: /* 出力
 9: "Hello"
10: "World"
11: */
12:
13: // 要素は不変なので再代入はできない
14: // list2(0) = "Hell" // Error
15:
16: // 全体の可変/不変性と要素の可変/不変性は別
17: var list3 = List("Hello","World")
18: list3 = List("Hell","World") // OK
19: // list3(0) = "Hell" // Error
20:
21: // 要素を列挙して初期化することもできる
22: // ここの‘::‘はメソッドであり，中置記法になっている
23: // 名前が‘:‘で終わるメソッドは中置記法の際には
24: // 例外的に呼び出し順序が逆として扱われる
25: // つまり‘1 :: 2 :: 3 :: Nil‘を省略せず書くと，
```

```
26: // ‘1.::(2).::(3).::(Nil)‘ではなく ‘Nil.::(1).::(2).::(3)‘
27: val list4 = 1 :: 2 :: 3 :: Nil
28: // == Nil.::(1).::(2).::(3)
29: // >> List(1,2,3)
30:
31: val list5 = 0 :: list4 // >> List(0,1,2,3)
32:
33: // ‘::‘はケースクラスでもあるのでパターンマッチができる
34: // 条件で使われている ‘::‘はケースクラス
35: // 式で使われている ‘::‘はメソッド
36: def threeTimesThree(list: List[Int]): List[Int] =
37:   list match {
38:     // リストにまだ要素があり,
39:     // 取り出した先頭の値が3で割り切れる場合
40:     case head :: tail if head % 3 == 0 =>
41:       (head * 3) :: threeTimesThree(tail)
42:     // リストにまだ要素がある場合
43:     case head :: tail =>
44:       head :: threeTimesThree(tail)
45:     // リストにもう要素がなかった場合
46:     case Nil => Nil
47:   }
48: threeTimesThree(list5) // >> List(0,1,2,9)
```

ここではmatch式のパターンに特殊な中置記法が使われています．(case head :: tail == case ::(head, tail))．また，簡単のため末尾再帰最適化されない形になっています．

::ケースクラスの1つ目の引数がリストの先頭の値，2つ目の引数がリストの先頭を除いた残りのリストとなっているため，リストの前から順に一要素ずつ取り出すことができます．なお終端はNilという長さ0のリストを表すオブジェクトになっています．

ウェブ上のサンプルコードを見ているとval seq = Seq(1, 2, 3)といったようにSeqによるコレクションの初期化を行うコードや引数をSeq[T]型にしているものを見かける機会が多いかと思います．実のところ**Seqはインデックスによるアクセスが可能なコレクションであることを示すトレイトに過ぎず，例えば初期化に利用すると**List[T]**が生成されます**(つまりval seq = Seq(1, 2, 3)におけるseqの実態はList[Int])．

本書のサンプルコードでは，判りやすさのために引数や返り値を全てListとしていますが，実際には引数をより上位の抽象的なコレクション（インデックスアクセス可能という条件を満たすSeq），返り値はより下位の具体的なコレクション（下位のものがないのでListのまま）にすると扱いやすくなります．引数にはList, Queue, VectorといったSeqを継承している様々なコレクションを受けることができるようになり，返り値はより特化されることで呼び出し側

で結果を扱いやすくなります．

■ Set[T]

Set[T] はセットです．集合と呼ばれることもあります．重複のない要素から成るデータ構造です．特定要素の有無を判定するといった操作に向いています．

リスト6.9: Setの利用

```
 1: // 値から初期化
 2: val set1 = Set(0, 0, 0) // >> Set(0)
 3:
 4: set1.foreach(el => println(el))
 5: /* 出力
 6: 0
 7: */
 8: println(set1.size)
 9: /* 出力
10: 1
11: */
12:
13: val list = List(0, 0, 1, 1)
14: println(list.size)
15: /* 出力
16: 4
17: */
18:
19: // `toSet` メソッドで `Set` に変換
20: val set2 = list.toSet // >> Set(0, 1)
21: println(set2.size)
22: /* 出力
23: 2
24: */
```

■ Map[K，V]

Map[K, V] はマップです．言語によっては，連想配列や辞書と呼ばれることもあります．コレクションメソッドのmapとは別物で，重複のないキーと紐づく値からなるデータ構造です．型パラメータを2つ取り，1つ目がキーの型，2つ目がキーに紐付いた値の型になります．

リスト6.10: Mapの利用

```
1: // 値から初期化
2: // キー・バリューの形になる要素数2のタプルを渡す
3: val map1 = Map((1, "A"), (2, "B"))
```

```
 4:
 5: // キーを元に値を取得 (`Some`・`None` の詳細は7章で扱います)
 6: val value1 = map1.get(1) // Some("A")
 7: val value2 = map1.get(100) // None
 8:
 9: // タプルのコレクションはマップに変換できる
10: val list1: List[(Int, String)] =
11:   List((1, "A"), (2, "B"))
12: val map2 = list1.toMap // >> Map((1, "1"), (2, "2"))
13:
14: // そうでないリストの場合は
15: // 一旦タプルのコレクションを経由する必要がある
16: val list2 = List(1, 2)
17: val map3 = list2.map(i => (i, i.toString)).toMap
18: // >> Map((1, "1"), (2, "2"))
```

ScalaのコレクションとJavaのコレクション

　Scalaのコレクション名とJavaのコレクション名は対応していないため，同じ名前でも内部構造が全く異なる場合があります．

　外部ライブラリの都合等でjava.util.ListのようなJavaのコレクションをScalaで利用する機会があるかもしれません．その場合はimport scala.collection.JavaConverters._ とすることでasJava・asScalaというScalaのコレクションとJavaのコレクション間で相互に変換を行うメソッドが利用できるようになります．なお，似たようなものとしてscala.collection.JavaConversions._ がありますが非推奨になっているので利用しないでください．

【コラム】主なコレクション操作メソッド

　コレクションメソッドは非常に多く提供されています．大半が複数のコレクションで統一的に利用できるインターフェースとなっていますが，一部は特定コレクションに特化したものもあり，適宜選択する必要があります．大抵のユースケースにあったものがあるはずなので，「こんなのないかな?」と感じたら探してみましょう．

　以下に示すコレクションメソッドのシグネチャは実際のものではなく，セマンティクスに基づくものです．

■ Collection[T].map[U](f: T => U): Collection[U]

　コレクション内の各要素を引数として取る関数に基づいて，コレクション内の各要素を変換

した新しいコレクションを返すメソッドです．

リスト6.11: mapメソッドの利用

```
1: val list1 = List(1, 2, 3)
2: val list2 = list1.map(i => s"No. ${i}")
3: // list2 >> List("No. 1", "No. 2", "No. 3")
```

■ Collection[T].foreach(f: T => Unit): Unit

コレクション内の各要素を引数として取る関数に基づいて，コレクション内の各要素の処理を行うメソッドです．返り値のないmapとも言えるでしょう．

リスト6.12: foreachメソッドの利用

```
1: val list1 = List(1, 2, 3)
2: list1.foreach(i => println(i))
3: /* 出力
4: 1
5: 2
6: 3
7: */
```

■ Collection[T].zipWithIndex(): Collection[(T, Int)]

mapやforeachといったメソッドを用いるとき，処理に要素のインデックスを利用できなくなるという問題があります．そのようなときに便利なメソッドがzipWithIndexです．適用することで元の要素とインデックスのタプルから成るコレクションに変換できます．

リスト6.13: zipWithIndexメソッドの利用

```
1: val list = List("a", "b", "c")
2: list.zipWithIndex.foreach(pair =>
3:   println(s"インデックス: ${pair._2}, 要素: ${pair._1}"))
4: /* 出力
5: "インデックス: 0, 要素: a"
6: "インデックス: 1, 要素: b"
7: "インデックス: 2, 要素: c"
8: */
```

■ Collection[T].filter(f: T => Boolean): Collection[T]

コレクション内の各要素を引数として取り真偽値を返す関数に基づいて，要素のフィルタリングを行った新しいコレクションを返すメソッドです．fの返り値がtrueになった要素だけを拾います．

リスト6.14: filter メソッドの利用

```
1: val list1 = List(1, 2, 3, 4)
2: val list2 = list1.filter(i => i % 2 == 0)
3: // >> List(2, 4)
```

■ Collection[T].count(f: T => Boolean): Int

　コレクション内の各要素を引数として取り真偽値を返す関数に基づいて，条件を満たす要素の数を返します．

リスト6.15: count メソッドの利用

```
1: val list = List(1, 2, 3, 4)
2: list.count(i => i % 2 == 0) // >> 2
```

　上記のサンプルは`list1.filter(i => i % 2 == 0).size`の結果と等しくなるといえるでしょう．しかし，`filter`を利用するとフィルタリングされた中間コレクションが生成されてしまうため`count`の方が良い性能を示します．一般的に**コレクションメソッドは簡潔に書けるものを選択することで，可読性・性能の両方を上げることができます**．

■ Collection[T].contains(t: T): Boolean

　コレクション内に特定要素が含まれるかを返します．

リスト6.16: contains メソッドの利用

```
1: val list1 = List(1,2,3)
2: list1.contains(1) // >> true
3: list1.contains(999) // >> false
```

■ Collection[T].++(c: Collection[T]): Collection[T]

　引数として与えられたコレクションと連結した新しいコレクションを返します．中置記法で用いると，見かけ上2つのコレクションを連結した新しいコレクションを返すことになります．

リスト6.17: ++ メソッドの利用

```
1: val list1 = List(1, 2, 3)
2: val list2 = List(5, 6, 7)
3: val list3 = list1 ++ list2
4: // == list1.++(list2)
5: // >> List(1, 2, 3, 5, 6, 7)
6: val list4 = list2 ++ list1
7: // == list2.++(list1)
8: // >> List(5, 6, 7, 1, 2, 3)
```

■ Collection[T].mkString(s: String, ...): String

引数がない場合は各要素を文字列として連結した文字列を，引数が1つの場合は各要素を文字列として，引数をセパレータとして連結した文字列を，引数が3つの場合は各要素を文字列として，1つ目の引数を先頭，2つ目の引数をセパレータとして，3つ目の引数を終端として連結した文字列を返します．なお，TがStringでなかった場合は自動的にtoStringが呼び出されます．

リスト6.18: mkStringメソッドの利用

```
 1: val list = List(1, 2, 3)
 2: println(list.mkString)
 3: /* 出力
 4: "123"
 5: */
 6: println(list.mkString(","))
 7: /* 出力
 8: "1,2,3"
 9: */
10: println(list.mkString("[", ",", "]"))
11: /* 出力
12: "[1,2,3]"
13: */
```

第7章　安全第一

エラーハンドリング・Option・Either

5章で作成したPolygonの例を見直していきます．前章では無視してしまいましたが，**与えられた辺の数に合う多角形が実装されていない場合，与えられた辺では多角形が成り立たない場合**という本来無視できない2つの危険性を孕んでいます．

リスト7.1: 5章で作成した多角形クラスのバグ

```
1: val invalidEdges2 = List(3, 4)
2: // 与えられた辺数に合う多角形が実装されていないのでエラー
3: // val invalidPolygon2 = Polygon.fromEdges(invalidEdges2)
4:
5: val invalidEdges3 = List(3, 4, 100)
6: // 与えられた辺では三角形が成り立たないので
7: // エラーではないが計算結果が不正
8: // val invalidPolygon3 = Polygon.fromEdges(invalidEdges3)
```

7.1　その引数は安全ですか？①　―Option

まず，`Polygon.fromEdges`で与えられた辺の数に合う多角形が実装されていない場合に，例外ではなく返り値を変えて対応してみましょう．

リスト7.2: 不正な数の辺の場合nullを返す

```
 1: object Polygon {
 2:     // 与えられる 'edges' の辺に応じて
 3:     // 適切な多角形を生成する静的なファクトリメソッド
 4:     def fromEdges(edges: List[Int]): Polygon =
 5:       edges.length match {
 6:         case 3 =>
 7:           new Triangle(edges)
 8:         case x =>
 9:           // 与えられた辺の数に合う多角形が実装されていない場合は
10:           // 'null' を返してみる
11:           null
12:     }
13: }
```

```
14:
15: val invalidEdges2 = List(3, 4)
16: val invalidPolygon2 = Polygon.fromEdges(invalidEdges2)
17: // >> `null`
```

とりあえずは例外を投げなくなりました．しかしこれでは呼び出し側で悪しき"ぬるぽ"（NullPointerException）を見ることになりかねず，面倒事を後回しにしただけになっています．

そこでこのような問題を回避するためにOption[T]というクラスが提供されています．Option[T]自体は抽象クラスであり，実態はそれを継承したSome[T]とNoneの2つです．アクセス修飾子を駆使してインスタンスが必ず「内部にT型の値を1つ持つSome[T]」か「値を持たないNone」のどちらかの状態になるよう設計されています．つまりOption[T]は**必ずT型の値を持つか持たないかのどちらかであり，それは型をチェックすることで分かる**のです．これらをどう活用するか，Polygonのサンプルで見ていきましょう．

リスト7.3: 返り値にOptionを利用

```
 1: object Polygon {
 2:   // 与えられる `edges` の辺に応じて
 3:   // 適切な多角形を生成する静的なファクトリメソッド
 4:   // 返り値を `Option[Polygon]` 型に変更
 5:   def fromEdges(edges: List[Int]): Option[Polygon] =
 6:     edges.length match {
 7:       case 3 =>
 8:         // 三角形は実装されているので `Some[Polygon]` で返す
 9:         Some(new Triangle(edges))
10:       case x =>
11:         // 与えられた辺数に合う多角形が実装されていないので `None` を返す
12:         None
13:     }
14: }
15:
16: val edges3 = List(3, 4, 5)
17: val polygon3 = Polygon.fromEdges(edges3)
18: // >> :Some[Polygon]
19: // 面積を出力する
20: polygon3 match {
21:   case Some(p) => println(p.area)
22:   case None =>
23:     println("不正な辺が与えられたため面積は出力できません")
24: }
25: /* 出力
```

```
26: 6.0
27: */
28:
29: // コレクションと同じメソッドが利用できる
30: // `Some[T]` は長さ1のコレクションのように振る舞う
31: polygon3.foreach(p => println(p.area))
32: /* 出力
33: 6.0
34: */
35: polygon3
36:   .map(p => p.area * 2)
37:   .foreach(area => println(area))
38: /* 出力
39: 12.0
40: */
41:
42: val invalidEdges2 = List(3, 4)
43: val invalidPolygon2 = Polygon.fromEdges(invalidEdges2)
44: // >> None
45: // 面積を出力する
46: invalidPolygon2 match {
47:   case Some(p) => println(p.area)
48:   case None =>
49:     println("不正な辺が与えられたため面積は出力できません")
50: }
51: /* 出力
52: "不正な辺が与えられたため面積は出力できません"
53: */
54:
55: // コレクションと同じメソッドが利用できる
56: // `None` は長さ0のコレクションのように振る舞う
57: invalidPolygon2.foreach(p => println(p.area))
58: // (長さ0なので実行されず,何も出力されない)
59: invalidPolygon2
60:   .map(p => p.area * 2)
61:   .foreach(area => println(area))
62: // (長さ0なので実行されず,何も出力されない)
```

　まず,fromEdges内でTriangleのインスタンスを作成した際にSomeに包んだ値を,合致する多角形がなければNoneを返すようになり,返り値がOption[Polygon]型に変わりました.そして実際にインスタンスを利用する際にはmatch式を利用するようになりました.Option[T]はパターンマッチにも対応しているため,Some[T]かNoneかで条件分岐しつつ,Some[T]の

場合のみ取り出した値を利用した処理を行うことができます．

また，別のアプローチとして，Option[T]は「長さ1のコレクションのように振る舞うSome[T]」か「長さ0のコレクションのように振る舞うNone」のどちらか，つまり「長さ0か1のコレクション」と見なしてコレクションメソッドを利用することもできます．必要に応じて使い分けていきましょう．

ちなみにサンプルコードではSome(...)としてSome[T]型の値を生成しましたが，Option(...)とすると渡された値がnullであればNoneを，そうでなければSome[T]を返します．nullの可能性がある値を扱う場合にはこちらを利用しましょう．

結局Noneとnullって一緒では？と思われる方もいるかもしれません．「値が入っているかどうか分からないOption[T]から値を取り出す際に一手間かけることを利用者に強制する」ことに意味があります．nullかもしれないインスタンスが無数に存在している状態でnullチェックを怠ると不意に例外が発生してしまいます．そこでnullでないと保証されているインスタンスはチェックなしに扱い，nullかもしれないインスタンスのみOption[T]というインターフェースを通してチェックを強制させることで，不意の例外を安全に防ぐことができるのです．

またここで「じゃあどこにOption[T]を使えばいいんだ？」という新たな疑問が浮かぶかもしれません．これには残念ながら明確な答えはありませんが，一般的に返り値がnullになる可能性が場合はOption[T]型にすると良いでしょう．これはメソッドを呼び出す側（=値を取り出す側）責任のチェックを意味し，逆に引数にはOption[T]を用いず，渡す値がnullでないことを保証する必要があります．

Option[T]を紹介したついでに少し脱線して関連するコレクションを紹介します．一部のコレクションメソッドにはOption[T]型を返すものがあります．

リスト7.4: コレクションメソッドでのOption

```
 1: // Mapのキーから値を取得，なければ 'None'
 2: val map1 = Map((1, "A"), (2, "B"))
 3: val value1 = map1.get(1)   // >> Some("A")
 4: val value2 = map1.get(100) // >> None
 5:
 6: // これでもキーから値を取得できるが例外の可能性があるのでダメ！
 7: // val value3 = map1(1)   // >> "A"
 8: // val value4 = map1(100) // >> 例外発生
 9:
10: // 条件に一致する最初の値を取得，なければ 'None'
11: val list1 = List(1, 2, 3, 4)
12: val found1 = list1.find(i => i % 2 == 0) // >> Some(2)
13: val found2 = list1.find(i => i % 5 == 0) // >> None
```

適切な結果があるかどうか不明なメソッドは，返り値がOption[T]になっています．

Option[T]が返されたら，先ほど紹介したmatch式やコレクションメソッドでハンドリングしましょう．

　Option[T]には内部の値を取り出すためのgetというメソッドがありますが，**絶対に使わないようにしましょう**．Some[T]の場合は内部の値が取得できますが，Noneの場合は例外が投げられてしまいOption[T]を使う意味が失われてしまいます．似たようなものとしてMap[K, V]にはapply，つまり()でキーによる値の取り出しが可能ですが，一致するキーがなかった場合例外が投げられてしまいます．紛らわしいですがこちらはgetを使うようにしましょう．

7.2　その引数は安全ですか？②　—Either

さて話は戻ってPolygon残り1つの問題点です．与えられた辺では多角形が成り立たない場合でも安全に処理ができるように調整しましょう．

リスト7.5: Optionで不正な引数に対応する

```
 1: object Polygon {
 2:   def fromEdges(edges: List[Int]): Option[Polygon] =
 3:     edges.length match {
 4:       case 3 => Triangle.fromEdges(edges)
 5:       case x => None
 6:     }
 7: }
 8:
 9: // プライベートコンストラクタに変更することで，
10: // インスタンス作成を `Triangle.fromEdges` 経由に制限
11: class Triangle private (edges: List[Int]) extends Polygon(edges) {
12:   val a = edges(0)
13:   val b = edges(1)
14:   val c = edges(2)
15:
16:   val area = {
17:     // Heron's formula
18:     val s = (a + b + c) / 2.0
19:     math.sqrt(s * (s - a) * (s - b) * (s - c))
20:   }
21: }
22:
23: object Triangle {
24:   // 辺の数だけでなく図形が成立するかどうかもチェックするファクトリメソッド
25:   def fromEdges(edges: List[Int]): Option[Triangle] =
26:     if(edges.length == 3
```

```scala
27:         && edges(0) + edges(1) > edges(2)
28:         && edges(1) + edges(2) > edges(0)
29:         && edges(2) + edges(0) > edges(1))
30:       Some(new Triangle(edges))
31:     else None
32: }
33:
34: val edges3 = List(3, 4, 5)
35: val polygon3 = Polygon.fromEdges(edges3)
36: // >> :Some[Triangle]
37: // 面積を出力する
38: polygon3 match {
39:   case Some(polygon) => println(polygon.area)
40:   case None =>
41:     println("不正な数の辺か図形が成立しない辺が与えられたため面積は出力できません")
42: }
43: /* 出力
44: 6.0
45: */
46:
47: val invalidEdges3 = List(3, 4, 100)
48: val invalidPolygon3 = Polygon.fromEdges(invalidEdges3)
49: // >> None
50: // 面積を出力する
51: invalidPolygon3 match {
52:   case Some(polygon) => println(polygon.area)
53:   case None =>
54:     println("不正な数の辺か図形が成立しない辺が与えられたため面積は出力できません")
55: }
56: /* 出力
57: "不正な数の辺か図形が成立しない辺が与えられたため面積は出力できません"
58: */
59: // (実際には辺の組み合わせが問題)
60:
61: val invalidEdges2 = List(3, 4)
62: val invalidPolygon2 = Polygon.fromEdges(invalidEdges2) // `None`
63: // 面積を出力する
64: invalidPolygon2 match {
65:   case Some(polygon) => println(polygon.area)
66:   case None => println("不正な数の辺か図形が成立しない辺が与えられたため面
```

```
 67: 積は出力できません")
 67: }
 68: /* 出力
 69: "不正な数の辺か図形が成立しない辺が与えられたため面積は出力できません"
 70: */
 71: // (実際には辺の数が問題)
```

新たに辺のバリデーションを兼ねたファクトリメソッドを持つコンパニオンオブジェクトを，Triangleに設けました．また，以前紹介したプライベートコンストラクタ化することで，ファクトリメソッドを経由しないとインスタンスが生成できないようにしました．晴れて不正な辺で図形が生成されることはなくなりました．

さてこれで全ての問題が解決されたかのように見えますが，実はまた別の問題が発生しています．Polygon.fromEdgesの結果がNoneだった際に，辺の数が問題だったのか辺の組み合わせが問題だったのかが分からないのです．困りましたね．

そこでEither[L, R]という型が登場します．Option[T]がT型の値を1つ持つSome[T]か値を持たないNoneのどちらかだったのに対して，**Either[L, R]はL型の値を1つ持つLeft[L, R]かR型の値を1つ持つRight[L, R]のどちらか**になります．一般にLeft[L, R]をエラー値，Right[L, R]を正常値として扱います("right"が「正しい」という意味を持つことに由来)．今回はLをエラーメッセージを格納するString型，Rを多角形を格納するPolygon型として利用していきたいと思います．

リスト7.6: Either で不正な引数に対応しエラー報告も行う

```
 1: object Polygon {
 2:   def fromEdges(edges: List[Int]): Either[String, Polygon] =
 3:     edges.length match {
 4:       case 3 => Triangle.fromEdges(edges)
 5:       case x => Left(s"${x}個の辺から成る多角形は実装されていません")
 6:     }
 7: }
 8:
 9: object Triangle {
10:   // 辺の数だけでなく図形が成立するかどうかもチェックするファクトリメソッド
11:   def fromEdges(edges: List[Int]): Either[String, Triangle] =
12:     if(edges.length != 3)
13:       Left(s"${edges.length}個の辺から三角形は作成できません")
14:     else if(!(edges(0) + edges(1) > edges(2)
15:         && edges(1) + edges(2) > edges(0)
16:         && edges(2) + edges(0) > edges(1)))
17:       Left("三角形が成立しない辺の組み合わせです")
```

```
18:     else Right(new Triangle(edges))
19: }
20:
21: val edges3 = List(3, 4, 5)
22: val polygon3 = Polygon.fromEdges(edges3)
23: // >> :Right[String, Triangle]
24: // 面積を出力する
25: polygon3 match {
26:   case Right(p) => println(p.area)
27:   case Left(err) => println(err)
28: }
29: /* 出力
30: 6.0
31: */
32:
33: // コレクションと同じメソッドが利用できる
34: // 'Right[L, R]' は長さ1のコレクションのように振る舞う
35: polygon3.foreach(p => println(p.area))
36: /* 出力
37: 6.0
38: */
39: polygon3
40:   .map(p => p.area * 2)
41:   .foreach(area => println(area))
42: /* 出力
43: 12.0
44: */
45:
46: val invalidEdges3 = List(3, 4, 100)
47: val invalidPolygon3 = Polygon.fromEdges(invalidEdges3)
48: // >> :Left[String, Triangle]
49: // 面積を出力する
50: invalidPolygon3 match {
51:   case Right(p) => println(p.area)
52:   case Left(err) => println(err)
53: }
54: /* 出力
55: "三角形が成立しない辺の組み合わせです"
56: */
57:
58: // コレクションと同じメソッドが利用できる
59: // 'Left[L, R]' は長さ0のコレクションのように振る舞う
```

```
60: invalidPolygon3.foreach(p => println(p.area))
61: // (長さ0なので実行されず，何も出力されない)
62:
63: val invalidEdges2 = List(3, 4)
64: val invalidPolygon2 = Polygon.fromEdges(invalidEdges2)
65: // >> :Left[String, Polygon]
66: // 面積を出力する
67: invalidPolygon2 match {
68:   case Right(p) => println(p.area)
69:   case Left(err) => println(err)
70: }
71: /* 出力
72: "5個の辺から成る多角形は実装されていません"
73: */
74:
75: // コレクションと同じメソッドが利用できる
76: // `Left[L, R]` は長さ0のコレクションのように振る舞う
77: invalidPolygon2.foreach(p => println(p.area))
78: // (長さ0なので何も実行されず，何も出力されない)
```

ファクトリメソッドを調整することで，Option[T]のときと比較しても利用者側負担をほとんど増やすこと無く，適切なエラーメッセージを持たせることができました．コレクションメソッドを利用する場合は，Left[L, R]の時は長さ0，Right[L, R]の時は長さ1のコレクションのように振る舞います．

例外の仕組みもあります．一般的なtry-catchですが，式になっているため値を返すことができます．catch句はmatch式のようになっており，発生した例外によって処理を分岐させることができます．ただし，例外の利用はIOやDBアクセスといった不確定要素に近いレイヤにとどめ，早い段階でOption[T]やEither[L, R]に落とし込むと良いでしょう．

リスト7.7: try-catch式の利用

```
1: def divid(x: Int, y: Int): Int = x / y
2: def sthNotImplemented(x: Int): Int = ???
3:
4: // 式なので値を返せるが，`finally` は返り値と無関係
5: val msg1 = try {
6:     "Hello" + " " + "World"
7:   } catch {
8:     case e: java.lang.ArithmeticException =>
9:       s"Invalid arithmetics (${e.getMessage})"
10:     case e: Throwable =>
```

```
11:       "Unknown error"
12:   } finally { println("completed") }
13: // >> "Hello World"
14: /* 出力
15: "completed"
16: */
17:
18: // `catch`・`finally` はどちらかだけでも良い
19: try {
20:   println(divid(10, 0))
21: } catch {
22:   case e: java.lang.ArithmeticException =>
23:     println(s"Invalid arithmetics (${e.getMessage})")
24:   case e: Throwable =>
25:     println("Unknown error")
26: }
27: /* 出力
28: "Invalid arithmetics (/ by zero)"
29: */
30:
31: try {
32:   println(sthNotImplemented(10))
33: } catch {
34:   case e: java.lang.ArithmeticException =>
35:     println(s"Invalid arithmetics (${e.getMessage})")
36:   case e: Throwable =>
37:     println("Unknown error")
38: } finally { println("completed") }
39: /* 出力
40: "Unknown error"
41: "completed"
42: */
43: // `???` の実態は `Throwable` である `NotImplementedError`
```

第8章　らくらく非同期処理

Future

　重たい計算はもちろん，HTTP経由の他サービスのAPI・データベース・ファイルといったレイテンシの大きいIO関係で，他の処理をブロッキングしたくないといった際にも非同期処理は活躍します．そんな非同期処理を簡単に実現するFutureというAPIが提供されているので利用してみましょう[1]．早速簡単な例を見ていきたいと思います．

リスト8.1: Futureによる非同期処理

```
 1: import scala.concurrent.Future
 2: import scala.concurrent.ExecutionContext.Implicits.global
 3:
 4: val f1 = Future {
 5:   Thread.sleep(5000) // 重い処理
 6:   println("タスク1終了")
 7:   1 // 重い処理の結果
 8: } // >>: Future[Int]
 9: // 型パラメータは結果の型を表す
10: // ここでは `1` から `Int` が推論されている
11:
12: val f2 = Future {
13:   Thread.sleep(1000) // 軽い処理
14:   println("タスク2終了")
15:   2 // 軽い処理の結果
16: } // >>: Future[Int]
17:
18: for {
19:   res1 <- f1 // `f1` から結果を取り出す
20:   res2 <- f2 // `f2` から結果を取り出す
21: } {
22:   println(res1 + res2)
23: }
24:
25: println("コード的には1番下だよ")
26:
27: /* 出力（ほぼこの順序になるが，保証はされない）
```

---

1. 古い情報に"Future"ではなく"future"を利用して非同期処理ブロックを作成するというものがありますが，現在"future"は非推奨です．

```
28: "コード的には一番下だよ"
29: "タスク2終了"
30: "タスク1終了"
31: 3
32: */
```

　使い方は，Futureのコンストラクタ引数に非同期にしたい処理を渡すだけです（今回は簡単に説明するため，具体的な処理ではなくThread.sleepを利用しています）．簡単ですね．スレッドどころかスレッドプールすら意識することなく非同期処理を記述できました．

　非同期処理の宣言ができたところで，次はそのハンドリングを見ていきましょう．for式のジェネレータのうち，データ源が来るべき場所にFutureがでてきました．実はこのFuture，これまでに出てきたコレクションやOptionと同じような扱いができるのです．感覚的にはOptionが一番近いでしょうか．Optionは長さが0か1のコレクションの様でしたが，Futureはその中身が非同期的に決まるイメージです．**そこで処理結果待ちのブロッキングが発生するのではなく結果を利用するコールバックを設定する**形になります（そのため返り値もまたFutureになります）．処理が失敗すれば長さ0，処理が成功すればその結果を要素とする長さ1のコレクションの様に振る舞います．今回はfor式でしたが，もちろんmapやfilterといったメソッドを利用することもできます．

　さて一方で例外が発生した場合に長さ0のコレクションのように振る舞ってしまうため，先程のサンプルコードではその例外をハンドリングできていません．例外が発生しないと言い切れる処理であれば問題ありませんが，例外が発生する可能性がある処理であれば致命的になります．そこでonCompleteメソッドの出番です．サンプルで見てみましょう．

リスト8.2: 非同期処理中の例外処理

```
 1: import scala.concurrent.Future
 2: import scala.concurrent.ExecutionContext.Implicits.global
 3: import scala.util.{Success, Failure}
 4:
 5: val f1 = Future {
 6:   Thread.sleep(1000) // 処理
 7:   println("タスク1終了")
 8:   4 / 2
 9: }
10:
11: val f2 = Future {
12:   Thread.sleep(3000) // 処理
13:   println("タスク2終了")
14:   2 / 0 // ゼロ除算で例外！
15: }
```

```
16:
17: val f = f1.zip(f2) // :Future[(Int, Int)]
18: // パターンマッチのような記法を用いる (`PartialFunction`)
19: f.onComplete {
20:   case Success(res) => println(res._1 + res._2)
21:   case Failure(ex) => println(ex.getMessage)
22: }
23:
24: /* 出力（ほぼこの順序になるが，保証はされない）
25: "タスク1終了"
26: "タスク2終了"
27: "/ by zero"
28: */
```

まず今回はfor式ではなくzipメソッドで2つの非同期処理を束ねています．これで個々はFuture[Int]だったf1とf2から，その両方を一括して扱うFuture[(Int, Int)]型のfを生成しました（それぞれの非同期処理結果がまとめてタプルに格納されます）．さて本題のonCompleteメソッドですが，成功時（Success）と失敗時（Failure）それぞれにコールバック処理を設定できます．成功時には結果を使った処理フローへ，失敗時は例外を使った処理フローとなります．これで例外の可能性がある非同期処理も安心して利用できるようになりました．

ノンブロッキングな手法のみを紹介しましたが，scala.concurrent.Awaitオブジェクトのready, resultメソッドでブロッキングすることも可能です．しかしブロッキングしてしまうとFutureの意味が失われてしまうため，ブロッキングを最小限にした処理フローにすることを強く推奨します．

上記では触れませんでしたがFutureは内部的にスレッドプールを利用しています．スレッドプールに関する設定（ExecutionContext）はimport scala.concurrent.ExecutionContext.Implicits.globalによって行われています．これはデフォルトのスレッドプールを利用することを意味しており，Futureのimplicit引数に渡されています．試しにこのインポート文を消して実行するとコンパイルエラーになるはずです．なお自前でExecutionContextを設定することもできますが，性能にシビアな場面を除けばこのままデフォルトを利用すればよいでしょう．

【コラム】ファンクタ・モナド・モノイド

「ファンクタ」「モナド」「モノイド」はどれも数学由来の仕組みであり，Scalaに限らずHaskellのような関数型プログラミング言語でツールとして用いられています．これらの単語を聞いたことがあり，それにつられてScalaを始めてみようと思った方がいるかもしれません．逆に数学由来と聞いて難しそうだと感じる方もいるかもしれません．Scalaはそのどちらにもうってつけの言語です．

実はファンクタやモナドという単語こそ出てこなかったものの，本書では既にファンクタやモナドの概念を利用しているものがいくつも出てきています．具体的にはList・Option・Futureなどです．これらを含む**Scalaの標準ライブラリは，ファンクタやモナドのような関数型の知識を要することなく，その恩恵を受けられるように設計されています**．

ではその裏側がどうなっているのか，厳密性は一旦保留してプログラミングにどう関わってくるのかを少しだけ紹介します．

■ファンクタ（Functor）

先程挙げたList・Option・Futureには，「いずれも値に直接アクセスすることはできず，mapやforeachといった共通のメソッドかfor式で値を取り出して処理を行う」という共通点がありました．このうちmapに注目して振り返ってみましょう．

例えば対象がListの場合はList[T].map[U](f: T => U): List[U]というシグネチャであり，List内のT型の各要素を引数に取り何らかの処理をした上でU型の値を返す関数を引数に取るというメソッドでしたね．結果的にリストに含まれる各要素が何らかの変換されたList[U]が得られました．この**中身の要素に対して変換する処理ができる（≒mapを定義できる）**という性質を持つものをファンクタと呼びます[2]．

ファンクタであることによって共通のインターフェースで柔軟に処理を組み合わせることができるようになります．

リスト8.3: ファンクタとしてのList

```
1: val list: List[Int] = List(1, 2, 3)
2:
3: val f: (Int => Int) = x => x * 2
4:
5: // [1] `List[Int].map[Int]: List[Int]`
6: val mappedListF = list.map(f)
7: // >> List(2, 4, 6)
```

---

2. C++のファンクタとは全くの別物です．

■モナド（Monad）

モナドを紹介するには，mapの親戚にあたるflatMapというメソッドを紹介しなければなりません．flatMapはmapと似たようなシグニチャList[T].map[U](f: T => List[U]): List[U]を持ちます．相違点として引数fの返り値の型がUからList[U]に変わっていますが，一方で返り値はどちらもList[U]です．もしT => List[U]をmapに渡すとネストしたリスト（List[List[U]]）が返ってきてしまうところですが，flatMapの場合はネストしていないList[U]が返ってきます．返り値を見比べてみると，mapの返り値でネストしていたリストを連結するとflatMapの返り値と等しくなりそうですね．

この**ネストを解くことができる（≒ flatMapを定義できる）**という性質を持つものをモナドと呼びます．Optionであれば，ネストした両方のOptionが値を持つ/それ以外，という条件でOption[Option[T]]をOption[T]に，Futureであれば，ネストした両方のFutureが成功/それ以外，という条件でFuture[Future[T]]をFuture[T]にそれぞれ変換を定義できることからモナドであると言えます．モナドであることによって共通のインターフェースでファンクタ以上に柔軟に処理を組み合わせることができるようになります．

リスト8.4: モナドとしてのList

```
 1: val list: List[Int] = List(1, 2, 3)
 2:
 3: val f: (Int => Int) = x => x * 2
 4: val g: (Int => List[Int]) = x => List(x, x * 2)
 5:
 6: // [2] `List[Int].map[List[Int]]: List[List[Int]]`
 7: val mappedListG = list.map(g)
 8: // >> List(List(1, 2), List(2, 4), List(3, 6))
 9:
10: // [3] `List[Int].flatMap[Int]: List[Int]`
11: val flatMappedList = list.flatMap(g)
12: // >> List(1, 2, 2, 4, 3, 6)
```

mapとflatMapでファンクタとモナドを紹介しましたが，List・Option・Futureいずれもfor式でも値を取り出せたことを思い出してください．この共通点は決して偶然ではありません．

実は全てのfor式はmapとflatMap（とfilter・withFilter・foreach）を組み合わせることで同じ処理ができます．for式はただの糖衣構文だったのです．メソッドを組み合わせる記法とfor式のどちらもできることは同じですが，for式はネストが深くなっても可読性が高いというメリットがあります．

リスト8.5: for式とmap・flatMapの関係

```
 1: // ネストが深くなっても縦に伸びるだけ
```

```
 2: val res1 = for {
 3:   i <- 1 to 2
 4:   j <- 3 to 4
 5:   k <- 5 to 6
 6: } yield {
 7:   i * j * k
 8: }
 9:
10: // ↑↓ 等価
11: // 一番内側のジェネレータが 'map'、外側は 'flatMap' と対応する
12:
13: // ネストが深くなると少し読みづらい
14: val res2 =
15:   (1 to 2).flatMap(i =>
16:     (3 to 4).flatMap(j =>
17:       (5 to 6).map(k => i * j * k)))
```

■モノイド（Monoid）

モナドと名前が似ており出身地（数学）も近いですが別物です．

List(1, 2, 3, 4)・List()(要素が0個のList[Int])という2つリストの総和計算を例に考えたいと思います．1つ目のリストを単純に前から順に足していく場合，((1 + 2) + 3) + 4となります．また(1 + 2) + (3 + 4)と別の順序で足していくこともできます．どちらも結果は10です．2つ目のリストはどうでしょうか．要素がないので総和は0と考えるのが自然ですね．両方を考慮するには0にリスト内の要素を足していくと良いことがわかります（0が無いとリストに要素がない場合何を結果とすれば良いか定まりません）．

ここまでをまとめると「数値」・「足し算」・「0」の組み合わせでした．狐につままれるようかもしれませんが，これがモノイドの一例です．もう少し一般化すると，「何らかのT型の値」・「T型の値を2つ取ってT型の値を返す計算」・「ゼロ（どんなT型の値と計算しても値が変わらない特異な値)」という性質の組み合わせとなっています．これは総和計算に限らずマルチスレッドでの計算戦略などにも応用できます．Scala標準ライブラリではNumericトレイトの一部等で利用されています．

ここで紹介したファンクタ・モナド・モノイドはいずれも厳密な定義とは異なります．より詳しく知りたい場合は書籍の『Scala関数型デザイン＆プログラミング ―Scalazコントリビューターによる関数型徹底ガイド』（インプレス刊）やScalaz (https://github.com/scalaz/scalaz)，Cats (https://github.com/typelevel/cats) といったライブラリを参考・利用すると良いでしょう．

第9章　またFizzBuzzしてみよう

IO・JSON・implicit・テスト

9.1　JSONファイルでFizzBuzz —IO・JSON

　さて，これまでの章では基本的，またはよく使われるScalaの構文・機能について紹介してきました．この章ではより具体的に，JSONファイルに書かれた数値に対してFizzBuzzをしてみたいと思います．ファイルも扱うため，今回はREPLではなくしっかりとした1つのプロジェクトとして作っていきましょう．

　ここでは2章で取り上げ3章で少し改造したプロジェクトテンプレートを更に改造していきます（書き出したファイルは見えませんが，Scasiteでもできます）．

　まずは準備としてbuild.sbt（libraryDependenciesの部分）とsrc/main/scala/example/ScalaTour.scalaをそれぞれ以下の内容に書き換えてください．

リスト9.1: 外部ライブラリの追加（build.sbt）

```
libraryDependencies ++= Seq(
  "org.json4s" %% "json4s-jackson" % "3.5.3",
  "org.scala-sbt" %% "io" % "1.1.0",
  "org.scalatest" %% "scalatest" % "3.0.5" % Test)
```

リスト9.2: JSONファイルのデータに対してFizzBuzzを行う（※sbtプロジェクト/ScastieWorksheetオフで実行）

```
 1: package example
 2:
 3: import sbt.io.IO
 4: import java.io.File
 5: import org.json4s._
 6: import org.json4s.JsonDSL._
 7: import org.json4s.jackson.JsonMethods._
 8: import org.json4s.jackson.Serialization.{read, write}
 9:
10: object ScalaTour {
11:   implicit val formats = org.json4s.DefaultFormats
12:
13:   def main(args: Array[String]): Unit = {
14:     val sourceFile = new File("sample.json")
```

```scala
15:     val destinationFile = new File("fizzBuzz.json")
16:
17:     // 元となるファイルを作成
18:     createSourceJSON(15, sourceFile)
19:
20:     // ファイルを読み込んでFizzBuzzを実行
21:     fizzBuzzFromJSON(sourceFile, destinationFile)
22:
23:     // Scastieではファイルを直接見ることができないので以下で確認する
24:     // println(IO.read(destinationFile))
25:   }
26:
27:   def createSourceJSON(n: Int, srcFile: File): Unit = {
28:     require(n >= 1) // 'n' は1以上とする
29:
30:     val intArrayHolder = IntArrayHolder((1 to n).toArray)
31:     IO.write(srcFile, write(intArrayHolder))
32:   }
33:
34:   def fizzBuzzFromJSON(srcFile: File, dstFile: File): Unit = {
35:     // 'sample.json' を読み込み
36:     val rawJson = IO.read(srcFile)
37:     val intArrayHolder = read[IntArrayHolder](rawJson)
38:
39:     // JSON内の配列を元にFizzBuzzに変換
40:     val fizzBuzz = intArrayHolder.intArray.map(i =>
41:       i match {
42:         case x if x % 15 == 0 => "FizzBuzz"
43:         case x if x % 3  == 0 => "Fizz"
44:         case x if x % 5  == 0 => "Buzz"
45:         case x                => x.toString
46:       })
47:     val fizzBuzzHolder = FizzBuzzHolder(fizzBuzz)
48:
49:     // FizzBuzzの結果を 'fizzBuzz.json' に書き出す
50:     IO.write(dstFile, write(fizzBuzzHolder))
51:   }
52: }
53:
54: case class IntArrayHolder(intArray: Array[Int])
55: case class FizzBuzzHolder(fizzBuzz: Array[String])
```

JSONのようなクォーテーション（"）や改行といった文字を含む文字列を扱う場合はその文字列全体をクォーテーション3つ（"""）で括ることでエスケープが不要になります．併せて文字列補完を行うこともできます．

リスト9.3: Raw文字列の利用

```
 1: val language = "Scala"
 2: val jsonString = s"""{
 3:   "language": "${language}",
 4:   "extension": ".${language.toLowerCase}"
 5: }"""
 6: println(jsonString)
 7: /* 出力
 8: {
 9:   "language": "Scala",
10:   "extension": ".scala"
11: }
12: */
```

　Scalaの標準ライブラリは，例えばファンクタやモナドを知ること無くそれらの恩恵だけ享受できたり，と非常にうまくできている一方で不足している点もあります．その代表が，IO・JSON・テストの3つです．IOはもちろんサポートされているものの機能や利便性が不十分，JSONは以前サポートされていたものの設計が悪く廃止，テストはサポートされていません．

　そこで使い勝手の良い代替の外部ライブラリとして，IOにsbt-io（https://github.com/sbt/io），JSONにJson4s（https://github.com/json4s/json4s），テストにScalaTest（http://www.scalatest.org/）を利用していきます．

　外部ライブラリを利用するためにはbuild.sbtのlibraryDependenciesに"グループ名 (groupID)" %% "ライブラリ名 (artifactID)" % "バージョン (revision)"を追加します．テスト時のみ利用するライブラリには，加えて末尾に% Testを付けます．今回はScalaTestがこれに当たります．

　これで外部ライブラリが利用できるようになりました．細かいライブラリAPIの説明は行いませんが，ざっとコードを見ていきましょう．ここでは「JSON形式で保存されている数値配列を元にFizzBuzzを行い，その結果を別JSONファイルに書き出すこと」を目標とします．

　まず，元となる数値配列を含むJSONファイルを生成します．次に（茶番のようですが）IO.readで元となるファイルを文字列として読み込み，Json4sのJSON文字列をケースクラスにマッピングする機能を利用して，readメソッドでJSON文字列をIntArrayHolderクラスとして読み込みます．

　これでJSONに入っていたデータをScalaの1オブジェクトとして利用できるようになったので，続けてFizzBuzzの処理を行います．その結果を出力用に用意していたFizzBuzzHolder

に入れ，writeメソッドでJSON文字列にマッピングした後にIO.writeメソッドで書き出します．

ここまでをsbt-shellのrunコマンドで実行すると以下のようなfizzBuzz.jsonが得られるはずです（見やすいように改行しています）．

リスト9.4: FizzBuzz出力結果（fizzBuzz.json）

```
{
  "fizzBuzz":
    [ "1", "2", "Fizz", "4", "Buzz",
      "Fizz", "7", "8", "Fizz", "Buzz",
      "11", "Fizz", "13", "14", "FizzBuzz" ]
}
```

9.2 縁の下の力持ち―implicit

さて，前項で紹介した処理フローに明示的に出てこなかった項目が1つあります．`implicit val formats = org.json4s.DefaultFormats`です．valの前にimplicitという新しいキーワードが登場しています．このキーワードは文字通り**暗黙的な**役割を果たします．

implicitに関連する項目として，実はJSONの入出力に利用しているread・writeメソッドには隠された引数があります．直接ソースコードを見てみると以下のようなシグネチャになっています．

リスト9.5: Json4sのread/writeメソッドのシグネチャ

```
def read[A](json: String)(implicit formats: Formats,
                          mf: Manifest[A]): A
def write[A <: AnyRef](a: A)(implicit formats: Formats): String
```

細かい部分には触れないとして，ここにもimplicitというキーワードが出てきました．結論から言うと，**コンパイル時，implicitが付いた引数にはスコープ内で型が一致するimplicitで宣言された変数があれば自動的に渡されます**（見つからなかった場合や複数見つかり一意に定まらなかった場合コンパイルエラーとなります）．

より大雑把に捉えると，「スコープ内を自動的に探索する"デフォルト引数っぽいもの"を実現するキーワード」とも言えるでしょう．ちなみにimplicitが付いていても明示的に引数を渡すことは可能です．この機能は何らかのコンテキストを引き回す場合や，継承よりも柔軟な

インターフェースを提供する場合[1]によく用いられ，今回は「JSONをどう整形するか」というコンテキストを暗黙的に引き回しています．

自分で`implicit`引数を持つメソッドを書くという機会は少ないですが，今回のJson4sのように`implicit`なコンテキストを利用するAPIを提供するライブラリは多いため把握しておきましょう．

【コラム】implicit class

`implicit`というキーワードが出てきたついでに`implicit class`も紹介したいと思います．`implicit class`を利用すると，本来触ることのできない既存の型，例えば標準ライブラリの`String`型でも拡張できるようになります．これを **Pimp My Library パターン** と呼びます．ここでは末尾にピリオドを追加する`addPeriod`というメソッドを`String`に追加したいと思います．

リスト9.6: implicit class で String を拡張する

```
 1: object Outer {
 2:   implicit class MyString(val str: String) extends AnyVal {
 3:     // 末尾にピリオドを付けた新たな文字列を返す
 4:     // ただし既に付いていた場合はそのまま返す
 5:     def addPeriod(): String =
 6:       if (str.endsWith(".")) str else str + "."
 7:   }
 8:
 9:   println("Hello World".addPeriod)
10:   println("I am a pen.".addPeriod)
11: }
12: Outer
13: // >> "Hello World."
14: // >> "I am a pen."
15:
16: // ここからは `MyString` が見えないので `addPeriod` は利用できない
17: // println("Hello World".addPeriod) // Error
```

`String`クラスには一切手を加えていませんが，あたかも`String`クラスに`addPeriod`というメソッドが存在しているかのようになりました．

種明かしをすると，**コンパイル時に型とメソッドの形式がマッチする** `implicit class`

---

1. 「継承よりも柔軟なインターフェースを提供する場合」という表現は少し曖昧ですが，専門用語を利用すると「アドホック多相を実現するための型クラス」のことです．本書では深入りしませんが，調べてみると`implicit`の強力さを垣間見ることができます．

に定義されたメソッドを見つけると，自動的にそのクラスに変換しつつ拡張したメソッドの呼び出しを行うようになっています．つまり上記の1つ目の例だと，"Hello World".addPeriodという式のうち，Stringのインスタンスである"Hello World"の部分が一旦暗黙的にnew MyString("Hello World")に変換され，更にメソッドの呼び出しを加えたnew MyString("Hello World").addPeriodとして扱われます．以下に一般的な形を示します．

リスト9.7: implicit classの概形

```
1: implicit class クラス名(val 対象になるインスタンス名：拡張したい型)
2:     extends AnyVal {
3:   def 追加するメソッド名(引数：引数の型, ...)：返り値の型 =
4:     対象になるインスタンスを利用した式
5: }
```

全ての処理はコンパイラによって暗黙的に行われるためクラス名は問われません．拡張したい型のインスタンスをコンストラクタ引数として取るようにし，その値を利用する追加したいメソッドを作成します．これにより，追加したメソッドを自由に利用できるようになりますが，その範囲は定義したimplicit classが見えるスコープ内に限られます．裏を返せば，スコープを制限しておくとそれをimportしたスコープのみから利用できるように制限できます．

また，パフォーマンス向上のためAnyValを継承しています．これによりコンパイル時の内部挙動が一部変化しますが，我々利用者の関知する範囲に変化はないため，implicit classを宣言する際にはとりあえず継承しておくと良いでしょう．

> implicitには紹介した以外にもimplicit conversionという自動的な型変換も実現可能です．しかしながらこれはimplicit**本来の目的とは異なる，するべきではないこと**です．意図しない型の利用や型推論のためにコンパイル時間が不必要にかかってしまうといった悪影響を及ぼします．

9.3 チェックチェック！―テスト

さて元の話題に戻ると，sbt-ioとJson4sを利用して簡単な処理を行うプロジェクトを作成しました．ですがプロジェクトと銘打ったくらいなので処理が適切に行われているか確認するテストも書いてみましょう．以下の内容でsrc/test/scala/example/ScalaTourSpec.scalaを新規作成してください．（Scastie上ではテストを実行できないのでsbt環境を準備してくだ

さい）

リスト9.8: ScalaTestを利用したテスト（※sbtプロジェクトで実行）

```scala
 1: package example
 2:
 3: import org.scalatest._
 4: import sbt.io.IO
 5: import java.io.File
 6: import org.json4s.JsonDSL._
 7: import org.json4s.jackson.JsonMethods._
 8: import org.json4s.jackson.Serialization.{read, write}
 9:
10: class ScalaTourSpec extends FlatSpec {
11:   def createSourceJSONAndThenFizzBuzzFromJSON(n: Int): Unit = {
12:     implicit val formats = org.json4s.DefaultFormats
13:     val sourceFile = new File("sample.json")
14:     val destinationFile = new File("fizzBuzz.json")
15:
16:     ScalaTour.createSourceJSON(n, sourceFile)
17:     ScalaTour.fizzBuzzFromJSON(sourceFile, destinationFile)
18:
19:     val json = read[FizzBuzzHolder](IO.read(destinationFile))
20:     json.fizzBuzz.zipWithIndex.foreach(pair => {
21:       pair._2 + 1 match {
22:         case x if x % 15 == 0 => assert(pair._1 === "FizzBuzz")
23:         case x if x % 3 == 0  => assert(pair._1 === "Fizz")
24:         case x if x % 5 == 0  => assert(pair._1 === "Buzz")
25:         case x                => assert(pair._1 === x.toString)
26:       }
27:     })
28:   }
29:
30:   // 処理が例外を投げるはずのテストケース
31:   s"'createSourceJSON' & 'fizzBuzzFromJSON' (1 to 0)" should
32:     "throw IllegalArgumentException" in {
33:     assertThrows[IllegalArgumentException] {
34:       createSourceJSONAndThenFizzBuzzFromJSON(0)
35:     }
36:   }
37:   // 処理が成功するはずのテストケース
38:   for { n <- Array(1, 15, 100) } {
39:     s"'createSourceJSON' & 'fizzBuzzFromJSON' (1 to $n)" should
```

```
40:         "apply FizzBuzz to data from JSON file" in {
41:             createSourceJSONAndThenFizzBuzzFromJSON(n)
42:         }
43:     }
44:     // 処理の成功を前提としているが，
45:     // 実際には処理が例外を投げてしまうテストケース
46:     s"'createSourceJSON' & 'fizzBuzzFromJSON' (1 to 0)" should
47:         "apply FizzBuzz to data from JSON file" in {
48:             createSourceJSONAndThenFizzBuzzFromJSON(0)
49:         }
50: }
```

　3つのテストケースを用意しました．ScalaTestでは様々なスタイルのテストが提供されていますが，今回は最もオーソドックスなFlatSpecというスタイルを利用したテストになっています．

　前半でScalaTestがFlatSpecトレイトで提供しているDSLに則ってテストの仕様を書き，後半にテスト本体を記述します．sbt-shellのtestコマンドでこのテストを実行できます．実行すると全てのテストをパスしたという緑色のメッセージが表示され……ませんね？テストのフェールを意味する赤色のメッセージが表示されているはずです．

　最後のテストケースは成功を想定したものですが実際には内部で例外を投げています．これをコメントアウトすることで全てのテストがパスするはずです．

【コラム】よく利用されるその他のライブラリ

　本書で紹介できなかったもののScalaでよく利用されるライブラリを少しだけ紹介したいと思います．

■ScalikeJDBC（http://scalikejdbc.org/）

　データベースアクセス用のライブラリです．名前からも分かるようにJDBC APIのラッパーになっています．ユーザも多く無難に扱いやすいです．作者が日本人（@seratchさん）であるため日本語のドキュメントも充実しています（https://github.com/scalikejdbc/scalikejdbc-cookbook）．

■Akka（https://akka.io/）

　Akkaはアクターモデル（詳細は省略します）に基づいて並列・分散処理を実現するためのライブラリです．「HTTPを処理するAkka HTTP」，「Stream処理をするAkka Stream」と

いったように用途別にモジュール化されています．公式のドキュメントが充実しています．ちなみに以前はScala標準ライブラリにもアクターモデルを扱うパッケージがありましたが，現在はこのAkkaを使うことになります．

■ **Play Framework（https://www.playframework.com/）**
HTTPサーバ，DBアクセス，テンプレートエンジンといったWebアプリケーションに必要な機能を全て包含した，フルスタックWebアプリケーションフレームワークです．Pluggableに設計されているため，上記のScalikeJDBCと合わせて使うこともできます．根幹のHTTPサーバすらPluggableであり，バージョン2.6からは内部的にAkka HTTPがデフォルトで利用されています．公式のドキュメントが充実しています．

あとがき

　駆け足でしたがScalaの雰囲気を掴んでいただけたでしょうか．本書では取り上げなかった構文・機能を使うことでより簡潔にできる場合もありますが，基本的な部分は一通り浚うことができたはずです．

　Scalaは元々アカデミックの世界で生まれたプログラミング言語ですが，今ではスケーラビリティとレジリエンスが求められるWebバックエンドやApache KafkaやApache Sparkを中心としたデータ分析・機械学習分野等，広い分野で続々採用されています．是非本書を踏み台にScalaを活かしてみてください．

　最後になってしまいましたが，元々同人誌であった本誌を拾い上げより良いものにしてくださったインプレスR&Dの山城敬さん，急なレビュー依頼を快く引き受けてくださったScala関西の阿部亜沙美さん，粕谷大輔さん，国平清貴さんに深く感謝申し上げます．

著者紹介

伊藤 竜一（いとう りゅういち）

大阪大学情報科学研究科博士前期課程在籍。高並列環境でのデータ分析の最適化・高速化の研究に従事。研究の傍ら、未踏事業にて「様々なデータソースに対応するグラフ処理エンジンの開発」を行う。プログラミング言語であるScala好きが高じてScala関西勉強会やScala関西Summitにて登壇。またその運営にも携わる。

◎本書スタッフ
アートディレクター/装丁：岡田章志＋GY
編集協力：飯嶋玲子
デジタル編集：栗原 翔

技術の泉シリーズ・刊行によせて

技術者の知見のアウトプットである技術同人誌は、急速に認知度を高めています。インプレスR&Dは国内最大級の即売会「技術書典」(https://techbookfest.org/)で頒布された技術同人誌を底本とした商業書籍を2016年より刊行し、これらを中心とした『技術書典シリーズ』を展開してきました。2019年4月、より幅広い技術同人誌を対象とし、最新の知見を発信するために『技術の泉シリーズ』へリニューアルしました。今後は「技術書典」をはじめとした各種即売会や、勉強会・LT会などで頒布された技術同人誌を底本とした商業書籍を刊行し、技術同人誌の普及と発展に貢献することを目指します。エンジニアの"知の結晶"である技術同人誌の世界に、より多くの方が触れていただくきっかけになれば幸いです。

株式会社インプレスR&D
技術の泉シリーズ　編集長　山城 敬

●お断り
掲載したURLは2018年2月16日現在のものです。サイトの都合で変更されることがあります。また、電子版ではURLにハイパーリンクを設定していますが、端末やビューアー、リンク先のファイルタイプによっては表示されないことがあります。あらかじめご了承ください。
●本書の内容についてのお問い合わせ先
株式会社インプレスR&D　メール窓口
np-info@impress.co.jp
件名に「『本書名』問い合わせ係」と明記してお送りください。
電話やFAX、郵便でのご質問にはお答えできません。返信までには、しばらくお時間をいただく場合があります。なお、本書の範囲を超えるご質問にはお答えしかねますので、あらかじめご了承ください。
また、本書の内容についてはNextPublishingオフィシャルWebサイトにて情報を公開しております。
http://nextpublishing.jp/

●落丁・乱丁本はお手数ですが、インプレスカスタマーセンターまでお送りください。送料弊社負担 にてお取り替え
させていただきます。但し、古書店で購入されたものについてはお取り替えできません。
■読者の窓口
インプレスカスタマーセンター
〒 101-0051
東京都千代田区神田神保町一丁目 105番地
TEL 03-6837-5016／FAX 03-6837-5023
info@impress.co.jp
■書店／販売店のご注文窓口
株式会社インプレス受注センター
TEL 048-449-8040／FAX 048-449-8041

技術の泉シリーズ

Scalaをはじめよう！ ―マルチパラダイム言語への招待―

2018年2月16日　初版発行Ver.1.0（PDF版）
2019年4月12日　　Ver.1.1

著　者　伊藤 竜一
編集人　山城 敬
発行人　井芹 昌信
発　行　株式会社インプレスR&D
　　　　〒101-0051
　　　　東京都千代田区神田神保町一丁目105番地
　　　　https://nextpublishing.jp/
発　売　株式会社インプレス
　　　　〒101-0051　東京都千代田区神田神保町一丁目105番地

●本書は著作権法上の保護を受けています。本書の一部あるいは全部について株式会社インプレスR
&Dから文書による許諾を得ずに、いかなる方法においても無断で複写、複製することは禁じられてい
ます。

©2018 Ryuichi Ito. All rights reserved.
印刷・製本　京葉流通倉庫株式会社
Printed in Japan

ISBN978-4-8443-9812-7

NextPublishing®
●本書はNextPublishingメソッドによって発行されています。
NextPublishingメソッドは株式会社インプレスR&Dが開発した、電子書籍と印刷書籍を同時発行できる
デジタルファースト型の新出版方式です。 https://nextpublishing.jp/